FORSCHUNGSBERICHT DES LANDES NORDRHEIN-WESTFALEN

Nr. 2609/Fachgruppe Elektrotechnik

Herausgegeben im Auftrage des Ministerpräsidenten Heinz Kühn
vom Minister für Wissenschaft und Forschung Johannes Rau

Prof. Dipl.-Ing. Hermann Hoß
Prof. Dipl.-Ing. Karl Meerbeck

Fachbereich 5 Elektrotechnik, Fachhochschule Aachen

Einfluß der Hysteresebreite
und der Rückführ-Kennwerte
in einem Zweipunktregler auf den Regelverlauf

WESTDEUTSCHER VERLAG 1977

© 1977 by Westdeutscher Verlag GmbH. Opladen
Gesamtherstellung: Westdeutscher Verlag

ISBN 978-3-531-02609-1   ISBN 978-3-322-88362-9 (eBook)
DOI 10.1007/978-3-322-88362-9

Inhaltsverzeichnis   Seite

1. Einleitende Betrachtung schaltender Regler   3

2. Zweipunktregler ohne Rückführung im Regelkreis   3

3. Kenngrößen des Zweipunktreglers mit Rückführungen   4

4. Vergleich zwischen einem Zweipunktregler mit verzögert-
   nachgebender Rückführung und einem stetigen PID-Regler   5

5. Verhalten des Zweipunktreglers mit verzögert-nachgeben-
   der Rückführung im Regelkreis   6

6. Ausgeführte Messungen   11

7. Vergleich unterschiedlicher Rückführschaltungen   18

8. Untersuchung des Regelverhaltens mit Hilfe der Beschreibungsfunktion an zwei Bespielen   19

9. Anwendung der Beschreibungsfunktion auf Regelkreise mit
   Zweipunktreglern, die eine Rückführung besitzen   22

10. Vergleich der Ortskurven von Regelkreisen mit PID-Zwei-
    punktreglern und solchen mit stetigen Reglern   26

11. Einfluß des Sollwertes auf das Regelverhalten eines Re-
    gelkreises mit PID-Zweipunktregler   27

    Formelzeichen   30
    Schrifttum   31
    Bildanhang   33

1. Einleitende Betrachtung schaltender Regler

Zweipunktregler erweisen sich im Vergleich mit stetigen Reglern im allgemeinen als robuster und preiswerter. In einem Regelkreis mit Zweipunktregler ändert sich die Regelgröße periodisch. Amplitude und Periodendauer des sich einstellenden Regelvorganges ergeben sich dann aus der Wechselwirkung zwischen Zweipunktregler und Regelstrecke, wie in der Literatur, z.B. [1-5] im einzelnen gezeigt wird. Diesen häufig unerwünschten Einfluß der Regelstrecke auf das Geschehen kann man nun weitgehend hintanhalten, wenn man einen hysteresebehafteten Zweipunktregler verwendet und ihn mit einer Rückführung versieht. Dem Zweipunktregler geht dann als Eingangsgröße die Summe aus Regeldifferenz (w-x) und Ausgangsgröße der Rückführung x_r - vergl. Bild 1 und 2 - zu, wobei der Einfluß von x_r meistens bestimmend wirkt. Wenn auch durch das Einfügen der Rückführung nichts daran geändert wird, daß die Reglerausgangsgröße, die Stellgröße y, zwischen den Werten Null und y_h springt, so kann man durch die Wahl einer genügend kleinen Periodendauer im Verlauf von y in Anbetracht des Tiefpaß-Charakters der meisten Regelstrecken erreichen, daß sich in der Ausgangsgröße der Regelstrecke, d.h. dem Istwert x, der Schwingungsanteil als zulässig klein im Vergleich zum konstanten Gleichwert von x erweist. Das Ziel des hier vorgelegten Berichtes ist es, Hinweise für eine zweckmäßige Wahl der Hysteresebreite und der Rückführung zu geben. Der Vergleich mit den Resultaten aus Meßreihen zeigt, daß auch hier Rechenverfahren herangezogen werden dürfen, die zur Reglerbemessung in stetigen Regelkreisen dienen.

2. Zweipunktregler ohne Rückführung im Regelkreis

Ein Zweipunktregler muß in seinem Übertragungsverhalten eine Hysterese-Kennlinie besitzen, wenn die Regelstrecke ein PT_1-Verhalten aufweist. Dann springt die Stellgröße y von dem Wert Null auf den Wert y_h, wenn die Regeldifferenz x_d - vom Wert $-x_L$ herkommend - den Wert $+x_L$ erreicht. Der Rücksprung auf den Wert Null tritt erst ein, wenn die Reglereingangsgröße x_d in der Folge den Wert $-x_L$ wieder erreicht. Die Amplitude der Regelschwingung ist dann gleich x_L. Enthält die Regelstrecke mehr als ein Verzögerungsglied oder eine zusätzliche Totzeit, so tritt auch dann eine Dauerschwingung der Regelgröße auf, wenn der Zweipunktregler keine Hysterese besitzt. Die Amplitude dieser Schwingung ist dabei im wesentlichen durch die Eigenschaften der Regelstrecke festgelegt. Eine Hysterese im Regler wird bei solchen Regelstrecken die Amplitude und die Periodendauer der Regelschwingung vergrößern.

3. Kenngrößen des Zweipunktreglers mit Rückführungen

Während in einem Regelkreis mit Zweipunktregler die Schaltfrequenz im wesentlichen von den Eigenschaften der Regelstrecke abhängt, bestimmt beim Zweipunktregler mit Rückführung diese vor allem das Schaltverhalten. Hierdurch ist es möglich, die Schaltfrequenz so hoch zu wählen, daß die Regelgröße praktisch auf einen konstanten Wert, d.h. in einen vorgegebenen Toleranzbereich, einschwingt. Durch eine geeignete zeitabhängige Rückführung läßt sich das Zeitverhalten des Zweipunktreglers dem eines stetigen Reglers mit Rückführung weitgehend anpassen.

So verhält sich der Zweipunktregler mit verzögerter Rückführung ähnlich wie ein stetiger PD-Regler, der Zweipunktregler mit verzögertnachgebender Rückführung näherungsweise wie ein stetiger PID-Regler. Der wesentliche Unterschied liegt darin, daß beim Zweipunktregler die Stellgröße nur 2 Schaltstellungen annehmen kann. Der Mittelwert der Stellgröße wird gebildet aus einer Folge von Schaltimpulsen mit konstanter Impulshöhe aber veränderlicher Breite und Schaltfrequenz. Der Vergleich mit dem stetigen PD- bzw. PID-Regler gilt nur bei einer so hohen Schaltfrequenz, daß im eingeschwungenen Zustand die Amplitude der Regelschwingung klein ist gegenüber der Breite der Hystereseschleife des Zweipunktreglers. Die Blockschaltbilder des Zweipunktreglers mit Rückführung sind in Bild 1 und 2 dargestellt.

Für den Mittelwert der Stellgröße gilt:

$$\overline{y} = \frac{t_E}{t_E + t_A} \cdot y_h \qquad (1)$$

und für die Änderung des Mittelwertes $\Delta \overline{y}$ während einer Schaltperiode

$$\Delta \overline{y} = \left(\frac{t_{E2}}{t_{E2} + t_{A2}} - \frac{t_{E1}}{t_{E1} + t_{A1}} \right) \cdot y_h \qquad (2)$$

Unter Annahme einer rampenförmig veränderlichen Eingangsgröße hat
W. Böttcher in [8] durch Bestimmung der Ein- und Ausschaltzeiten
gezeigt, daß der Mittelwert der Stellgröße bei einem Zweipunktregler mit verzögert-nachgebender Rückführung einen P-, I- und D-Anteil
hat.

Danach ergibt sich für den Mittelwert der Stellgröße:

$$\Delta \bar{y} = \frac{1}{K_r} \cdot \frac{T_{r2} + T_{r1}}{T_{r2} - T_{r1}} \left(\Delta x_w + \frac{1}{T_{r1} + T_{r2}} \cdot \int \Delta x_w dt + \frac{T_{r1} \cdot T_{r2}}{T_{r1} + T_{r2}} \frac{\Delta x_w}{\Delta t} \right) \quad (3)$$

Für den Zweipunktregler mit verzögerter Rückführung erhält man bei
analoger Betrachtung:

$$\Delta \bar{y} = \frac{1}{K_r} \cdot \left(\Delta x_w + T_{r1} \cdot \frac{\Delta x_w}{\Delta t} \right) \quad (4)$$

4. Vergleich zwischen einem Zweipunktregler mit verzögert-nachgebender Rückführung und einem stetigen PID-Regler

Ein Zweipunktregler kann vereinfacht als Proportionalverstärker mit
begrenztem Ausgang und hohem Verstärkungsfaktor aufgefaßt werden.
Nimmt man im Schaltaugenblick eine unendlich hohe Verstärkung an, so
läßt sich das Übertragungsverhalten eines Zweipunktreglers mit Rückführung näherungsweise beschreiben wie das eines idealen stetigen
Verstärkers mit unendlich hoher Verstärkung und Rückführung. Ein solcher Regler mit verzögert-nachgebender Rückführung zeigt ideales
PID-Verhalten (vergleiche Bild 3).

Unter der Annahme: $V \to \infty$ gilt für den Frequenzgang des Reglers

$$\underline{F}_R = \frac{\underline{y}}{\underline{x}_w} = \frac{1}{\underline{F}_r} \quad (5) \qquad \text{mit}$$

$$\underline{F}_r = \frac{K_r p (T_{r2} - T_{r1})}{(1 + p T_{r1}) \cdot (1 + p T_{r2})} \quad (6)$$

und somit

$$\underline{F}_R = \frac{1}{K_r} \cdot \frac{T_{r2} + T_{r1}}{T_{r2} - T_{r1}} \cdot \left(1 + \frac{1}{p (T_{r1} + T_{r2})} + p \cdot \frac{T_{r1} \cdot T_{r2}}{T_{r1} + T_{r2}} \right) \quad (7)$$

beziehungsweise

$$F_R = K_R \left(1 + \frac{1}{p \cdot T_n} + p\, T_v \right) \quad (8)$$

Die zugehörige Reglergleichung im Zeitbereich lautet:

$$y = K_R \left(x_w + \frac{1}{T_n} \int x_w\, dt + T_v \cdot \dot{x}_w \right) \quad (9)$$

mit

$$K_R = \frac{1}{K_r} \cdot \frac{T_{r2} + T_{r1}}{T_{r2} - T_{r1}} \quad (10)$$

$$T_n = T_{r1} + T_{r2} \quad (11)$$

$$T_v = \frac{T_{r1} \cdot T_{r2}}{T_{r1} + T_{r2}} \quad (12)$$

Ein Vergleich zwischen Gleichung (3) und (9) zeigt, daß der Zweipunktregler mit verzögert-nachgebender Rückführung in seinem Zeitverhalten dem eines idealen PID-Reglers entspricht. Dies gilt jedoch nur für den Mittelwert der Stellgröße. Der Zweipunktregler mit Rückführung ist ein schaltender Regler und arbeitet mit Impulsbreiten- und Frequenzmodulation. Da der Vergleich dieses Reglers mit dem stetigen PID-Regler nur gilt bei einer genügend hohen Schaltfrequenz, deren untere Grenze von den Zeitkonstanten der Regelstrecke abhängt, soll zunächst die Schaltfrequenz für den geschlossenen Regelkreis berechnet werden.

5. Verhalten des Zweipunktreglers mit verzögert-nachgebender Rückführung im Regelkreis

Im allgemeinen werden Zweipunktregler mit Rückführung an Regelstrecken mit Verzögerung höherer Ordnung verwendet (Bild 4). Wegen des Tiefpaßverhaltens solcher Regelstrecken wird bei genügend hoher Schaltfrequenz die Regelgröße im eingeschwungenen Zustand praktisch konstant sein, d.h. innerhalb eines vorgegebenen Toleranzbereiches bleiben.

Für die Berechnung der Schaltfrequenz gelten folgende Annahmen:
Im eingeschwungenen Zustand ist x = konstant, dann ist wegen des PID-Verhaltens des Reglers $x_w = 0$.

Die Hysteresebreite sei klein gegenüber dem Endwert der Rückführgrößen x_{r1} beziehungsweise x_{r2} bei eingeschaltetem Regler:
$2x_L \ll k_r \cdot y_h$.

Daraus folgt für den Mittelwert der Rückführgrößen im eingeschwungenem Zustand:

$$\overline{x}_{r1} = \overline{x}_{r2} = \overline{x}_{r12}$$

$$\overline{x}_r = \overline{x}_{r1} - \overline{x}_{r2} = 0$$

Aus den Übergangsfunktionen der Rückführgrößen x_{r1} und x_{r2} folgt unter obiger Annahme beim Auf- und Abklingen der Rückführungen:

$$\dot{x}_{r1\,auf} = \frac{K_r\, y_h - \overline{x}_{r12}}{T_{r1}} \quad (13)$$

$$\dot{x}_{r1\,ab} = -\frac{\overline{x}_{r12}}{T_{r1}} \quad (14)$$

$$\dot{x}_{r2\,auf} = \frac{K_r\, y_h - \overline{x}_{r12}}{T_{r2}} \quad (15)$$

$$\dot{x}_{r2\,ab} = -\frac{\overline{x}_{r12}}{T_{r2}} \quad (16)$$

Für die mittlere Anstiegsgeschwindigkeit $\dot{x}_r$ gilt:

$$\dot{x}_{r\,auf} = \dot{x}_{r1\,auf} - \dot{x}_{r2\,auf}$$
$$= \frac{\left(K_r \cdot y_h - \overline{x}_{r12}\right) \cdot \left(T_{r2} - T_{r1}\right)}{T_{r1} \cdot T_{r2}} \quad (17)$$

$$\dot{x}_{r\,ab} = -\overline{x}_{r12} \cdot \frac{T_{r2} - T_{r1}}{T_{r1} \cdot T_{r2}} \quad (18)$$

Aus Bild 5 folgt:

$$\dot{x}_{r\,auf} = \frac{2\,x_L}{t_E} \quad (19); \qquad \dot{x}_{r\,ab} = -\frac{2\,x_L}{t_A} \quad (20)$$

Somit ergibt sich für die Periodendauer:

$$T = t_E + t_A$$

$$= 2x_L \left(\frac{1}{\dot{x}_{r\,auf}} + \frac{1}{|\dot{x}_{r\,ab}|} \right)$$

$$= 2x_L \frac{T_{r1} \cdot T_{r2}}{T_{r2} - T_{r1}} \frac{K_r \cdot y_h}{(K_r \cdot y_h - \bar{x}_{r12}) \cdot \bar{x}_{r12}} \qquad (21)$$

Die Schaltfrequenz ist:

$$f = \frac{1}{T} = \frac{(K_r \cdot y_h - \bar{x}_{r12}) \cdot \bar{x}_{r12} \cdot (T_{r2} - T_{r1})}{K_r \cdot y_h \cdot T_{r1} \cdot T_{r2} \cdot 2x_L} \qquad (22)$$

Der Mittelwert der Rückführgrößen $\bar{x}_{r1} = \bar{x}_{r2} = \bar{x}_{r12}$ hängt von der Einstellung des Sollwertes ab. Aus den Gleichungen (13) bis (16) läßt sich ableiten:

$$\bar{x}_{r12} = \frac{t_E}{t_E + t_A} \cdot K_r \cdot y_h \qquad (23)$$

Da im eingeschwungenen Zustand $x_w = 0$ ist, gilt:

$$x = w = \frac{t_E}{t_E + t_A} \cdot K_s \cdot y_h \qquad (24)$$

Aus den Gleichungen (23) und (24) folgt:

$$\frac{\bar{x}_{r12}}{K_r \cdot y_h} = \frac{w}{K_s \cdot y_h} \qquad (25)$$

Damit wird die Schaltfrequenz

$$f = \frac{w}{K_s \cdot y_h} \left(1 - \frac{w}{K_s \cdot y_h} \right) \frac{K_r \cdot y_h}{2x_L} \cdot \frac{\left(\frac{T_{r2}}{T_{r1}} - 1 \right)}{T_{r2}} \qquad (26)$$

Die maximale Schaltfrequenz liegt bei $\frac{w}{K_s \cdot y_h} = 0,5$ und beträgt:

$$f_{max} = \frac{K_r \cdot y_h}{8x_L} \cdot \frac{\left(\frac{T_{r2}}{T_{r1}} - 1 \right)}{T_{r2}} \qquad (27)$$

Mit den Gleichungen (10) und (12) folgt aus Gleichung (26):

$$f = \frac{\omega}{K_s \cdot y_h}\left(1 - \frac{\omega}{K_s \cdot y_h}\right)\frac{y_h}{2 x_L} \cdot \frac{1}{K_R \cdot T_v} \qquad (28)$$

Analog zu einem Regelkreis mit stetigem Regler wird der optimale Regelverlauf durch geeignete Wahl der Reglerkennwerte K_R, T_v und T_n erzielt. Die Schaltfrequenz ist nach Gleichung (28) von der Nachstellzeit T_n unabhängig, sie wird bei festgelegtem K_R und T_v noch vom Sollwert und der Hysteresebreite bestimmt. Sind durch die Optimierung eines Regelkreises die Reglerkennwerte K_R, T_v und T_n und damit die Kennwerte der Rückführung K_r, T_{r1} und T_{r2} bestimmt, so kann die Schaltfrequenz bei vorgegebenem Sollwert nur noch durch die Hysteresebreite beeinflußt werden.

Soll die Regelgröße auf einen "konstanten" Wert einschwingen, so muß die Schaltfrequenz so groß sein, daß die Grund- und Oberwellen der Rechteckschwingung von y sich praktisch nicht mehr auf die Regelgröße auswirken. Berücksichtigt man nur die Grundwelle der Stellgrößenschwingung, so läßt sich bei vorgegebenem Toleranzbereich der Regelschwingung im eingeschwungenen Zustand die untere Grenze der erforderlichen Schaltfrequenz mit Hilfe des Frequenzganges der Regelstrecke berechnen.

Sind z.B. die Daten der Regelstrecke gegeben durch die Ersatzkennwerte T_G, T_U, K_s, so gilt:

$$\left|F_s\right| = \left|\frac{\hat{x}}{\hat{y}_1}\right| = \frac{K_s}{\sqrt{1 + (\omega T_G)^2}} \qquad (29) \quad \text{und für } \omega T_G \gg 1$$

$$\left|F_s\right| \approx \frac{K_s}{\omega T_G} \qquad (30)$$

Daraus folgt für eine Toleranzbreite $\dfrac{\hat{x}}{K_s \cdot y_h} \leq 1\,\%$

mit $\hat{y}_1 = \dfrac{2}{\pi} \cdot y_h \qquad f_{min} \approx \dfrac{10}{T_G}$

Dies dürfte als ungünstigster Fall angenommen werden. Im allgemeinen wird die zulässige untere Schaltfrequenz wegen des Tiefpaßverhaltens der meisten Regelstrecken niedriger liegen.

So ergibt sich z.B. für eine Regelstrecke aus einer Reihenschaltung von 3 Verzögerungsgliedern mit gleichen Zeitkonstanten T :

$$\left| F_s \right| = \left| \frac{\hat{x}}{\hat{y}_1} \right| = \frac{K_s}{(\sqrt{1 + (\omega T)^2})^3} \approx \frac{K_s}{(\omega T)^3} \quad (32)$$

und einer Toleranzbreite: $\quad \frac{\hat{x}}{K_s \cdot y_h} = 1\%$

$$f_{min} \approx \frac{1}{2\pi T} \sqrt[3]{\frac{200}{\pi}} = \frac{0{,}64}{T} \quad (33)$$

Durch geeignete Wahl der Hysteresebreite und der Reglerkennwerte K_r, T_{r1} und T_{r2} kann also die Schaltfrequenz so angepaßt werden, daß die Regelgröße in den vorgegebenen Toleranzbereich einschwingt. In diesem Fall ist die Ansprechempfindlichkeit des PID-Zweipunktreglers von der Hysteresebreite unabhängig im Gegensatz zum Zweipunktregler ohne Rückführung. Beim Zweipunktregler mit Rückführung führt im eingeschwungenen Zustand die Rückführgröße x_r periodische Schwankungen innerhalb der Hysteresebreite des Zweipunktreglers durch. Die geringste auftretende Regelabweichung führt bereits zu einer Verschiebung des Tastverhältnisses $\frac{t_E}{t_E + t_A}$ und damit zu einer Änderung des Stellgrößenmittelwertes bis $x_w = 0$ wird. Unter der Voraussetzung $2 x_L \ll K_r \cdot y_h$ ist das Tastverhältnis praktisch unabhängig von der Hysteresebreite. So wurde bei der Herleitung der Gleichung (3) bezüglich der Hysteresebreite auch keine einschränkende Voraussetzung getroffen. Daher ist zu erwarten, daß die Hysteresebreite $2 x_L$ auf das dynamische Verhalten des Regelkreises keinen wesentlichen Einfluß hat, sofern die Schaltfrequenz so groß ist, daß die Regelgröße auf einen konstanten Wert einschwingt.

Ergänzend zu früheren Untersuchungen von W. Böttcher [7] wurden an einem Modellregelkreis auf dem Analogrechner mehrere Meßreihen durchgeführt zur Bestimmung der optimalen Reglereinstellwerte und zur Ermittlung des Hysteresesinflusses auf den Regelverlauf. Die

Analogrechnerschaltung zeigt Bild 6.

Die Meßkurven wurden teils mit einem x-y-Schreiber aufgenommen, teils auf einem Speicheroszillografen sichtbar gemacht und direkt ausgewertet.

Die Regelstreckenkennwerte T_U, T_G, wurden mit Hilfe der Wendetangente aus der Regelstrecken-Übertragungsfunktion bestimmt (vergl. Bild 7).

Bei den Messungen wurden folgende Optimierungsbedingungen angestrebt:

1) Nicht mehr als 3 Überschwingungen
2) möglichst kleine maximale Überschwingung
3) möglichst kurze Ausregelzeit, d.h. Einschwingdauer in einen vorgegebenen Toleranzbereich ($\pm 0{,}01 \cdot K_s \cdot y_h$) (vergl. Bild 8)

6. Ausgeführte Messungen

a) Daten der Regelstrecke: $T_U = 0{,}8$ s ; $T_G = 4$ s ; $K_s = 1$

Daten des Reglers : $T_{r1} = 0{,}8$ s ; $T_{r2} = 2$ s ; K_r : variabel ;
$x_L = \pm 0{,}01\, K_s\, y_h$

Sollwert: $w = 0{,}5 \cdot K_s \cdot y_h$

gemessen : $t_{aus} = f(K_r)$
$\ddot{U} = f(K_r)$

Die gleichen Messungen wurden durchgeführt mit den Verhältniswerten
$\dfrac{T_{r2}}{T_{r1}} = 3{,}3$; $5{,}4$. wobei $T_{r2} = 0{,}5 \cdot T_G$ konstant gehalten wurde.

Das Ergebnis dieser Messungen (Bild 9/10) zeigt ein Minimum für t_{aus} bei $K_r \approx 0{,}35$. Die maximale Überschwingweite $\ddot{U}$ nimmt mit größer werdendem K_r ab, da die Dämpfung mit wachsendem K_r zunimmt.

b) Daten der Regelstrecke: $T_U = 0{,}8$ s ; $T_G = 4$ s ; $K_s = 1$

Daten des Reglers: $x_L = \pm 0{,}01 \cdot K_s \cdot y_h$; $T_{r2} = 0{,}5\, T_G$;

$K_r = 0{,}35$; T_{r1} variabel

Sollwert: $w = 0{,}5 \cdot K_s \cdot y_h$

gemessen: $t_{aus} = f\left(\dfrac{T_{r2}}{T_{r1}}\right)$

$\ddot{U} = f\left(\dfrac{T_{r2}}{T_{r1}}\right)$

Das Ergebnis der Messungen (Bild 11) zeigt ein Minimum für $\ddot{U}$ und t_{aus} bei $\dfrac{T_{r2}}{T_{r1}} \approx 2{,}8$.

c) Daten der Regelstrecke: $T_U = 0{,}8$ s ; $T_G = 4$ s ; $K_s = 1$

Daten des Reglers: $x_L = \pm 0{,}01 \cdot K_s \cdot y_h$; $K_r = 0{,}35$;

$\dfrac{T_{r2}}{T_{r1}} = 2{,}8$; T_{r1} ; T_{r2} variabel

Sollwert: $w = 0{,}5 \cdot K_s \cdot y_h$

gemessen: $t_{aus} = f\left(\dfrac{T_{r2}}{T_G}\right)$

$\ddot{U} = f\left(\dfrac{T_{r2}}{T_G}\right)$

Die Meßergebnisse sind in Bild 12 aufgetragen und zeigen ein Minimum für $\ddot{U}$ und t_{aus} bei $\dfrac{T_{r2}}{T_G} = 0{,}6 \div 0{,}7$.

Eine Wiederholung der Meßreihe b), jedoch mit $\dfrac{T_{r2}}{T_G} = 0{,}7$ ergab ebenfalls ein Minimum für t_{aus} und $\ddot{U}$ bei $\dfrac{T_{r2}}{T_{r1}} \approx 2{,}8$.

Die maximale Überschwingweite betrug hierbei jedoch nur 4,5 % von $K_s \cdot y_h$.

Bei den Messungen a) bis c) wurden die Kennwerte der Regelstrecke konstant gehalten. In der Meßreihe d) bei veränderlichem $\frac{T_U}{T_G}$ wurde der Übertragungsbeiwert der Rückführung jeweils so eingestellt, daß nach den vorgegebenen Optimierungsbedingungen ein optimaler Regelverlauf vorlag.

d) Daten der Regelstrecke: $K_s = 1$; $T_G = 4$ s ; T_U variabel

    Daten des Reglers: $x_L = \pm 0,01 \cdot K_s \cdot y_h$; $T_{r2} = 0,7 \, T_G$;

    $\frac{T_{r2}}{T_{r1}} = 2,8$; K_r variabel

    Sollwert: $w = 0,5 \, K_s \cdot y_h$

    gemessen: $K_r = f\left(T_U / T_G\right)$

Bei zunehmendem Verhältnis $\frac{T_U}{T_G}$ mußte mit Rücksicht auf eine ausreichende Dämpfung K_r vergrößert werden. Die Meßergebnisse sind in Bild 13 dargestellt.

In den nächsten Messungen wurde der Einfluß der Hysterese auf den Regelverlauf untersucht:

e) Daten der Regelstrecke: $T_U = 0,8$ s ; $T_G = 4$ s ; $K_s = 1$

    Daten des Reglers: $T_{r2} = 0,7 \, T_G$; $T_{r2}/T_{r1} = 2,8$;

    $K_r = 0,35$; x_L variabel

    Sollwert: $w = 0,5 \cdot K_s \cdot y_h$

    gemessen: $f, \ddot{U}, \Delta x, t_{aus}$ in Abhängigkeit von x_L

Aus Gleichung 26 ist ersichtlich, daß die Schaltfrequenz proportional $\frac{1}{x_L}$ ist. Bild 14 zeigt eine relativ gute Übereinstimmung zwischen gemessenen und nach Gleichung 26 errechneten Werten. Da bei gegebenen Regelstrecken-Kennwerten die verbleibende Restschwankung der Regelgröße mit abnehmender Frequenz größer wird, ist die maximal zulässige Hysteresebreite bei vorgeschriebenem Toleranzbereich der Regelgrößenschwankung im eingeschwungenen Zustand begrenzt. Bei den hier durchgeführten Messungen wurde x_L stufenweise geändert zwischen $(0,5 \div 4) \cdot 10^{-2} \cdot K_s \cdot y_h$.

Eine Vergrößerung der Hysteresebreite bis $x_L = 0,015 \cdot K_s \cdot y_h$ zeigte keinen Einfluß auf den Regelverlauf, d.h. die maximale Überschwingweite Ü, Regelzeit t_{aus} und Dämpfung bleiben praktisch unverändert. Ein weiteres Vergrößern der Hysteresebreite über $x_L = 0,02 \cdot K_s \cdot y_h$ bewirkte ein geringfügiges Ansteigen der Überschwingweite Ü bei konstanter Ausregelzeit t_{aus}. Die Schwankungsbreite erreichte erst bei $x_L = 0,025 \cdot K_s \cdot y_h$ die vorgegebene Toleranzgrenze von $0,01 \cdot K_s \cdot y_h$. Eine rechnerische Überprüfung der Schwankungsbreite mit Hilfe des Frequenzganges der Regelstrecke unter Berücksichtigung der Grundwelle von y bestätigt diese Messung.

Nach Gleichung 26 ist die Schaltfrequenz des Reglers abhängig vom Verhältnis $\frac{K_r}{x_L}$. Deshalb wurde in der nächsten Meßreihe $\frac{K_r}{x_L}$ = konstant gewählt.

f) Daten der Regelstrecke: $T_U = 0,8$ s ; $T_G = 4$ s ; $K_s = 1$

Daten des Reglers: $T_{r2} = 0,7\, T_G$; $\frac{T_{r2}}{T_{r1}} = 2,8$;

$\frac{K_r \cdot y_h}{x_L} = 35$; x_L ; K_r variabel

Sollwert: $w = 0,5 \cdot K_s \cdot y_h$

gemessen: f , $Ü$, t_{aus}

Die Messungen wurden durchgeführt im Bereich $x_L = 0{,}005 \div 0{,}025 \cdot K_s \cdot y_h$ und ergaben eine konstante Schaltfrequenz $f = 2{,}7$ Hz. Nach Gleichung 26 errechnet sich die Schaltfrequenz $f = 2{,}8$ Hz.

Die Überschwingweite Ü nimmt mit zunehmendem x_L stark ab, die Dämpfung des Regelverlaufes zu, da $K_r \sim x_L$ vergrößert wurde. Dies entspricht auch den Ergebnissen aus Meßreihe a). Ebenso wird die kürzeste Ausregelzeit t_{aus} erreicht bei $K_r = 0{,}35$ (vergl. Bild 15).

Mit den folgenden Messungen soll der Einfluß des Sollwertes auf den Regelverlauf untersucht werden.

g) Daten der Regelstrecke: $T_U = 0{,}8$ s ; $T_G = 4$ s ; $K_s = 1$

    Daten des Reglers: $K_r = 0{,}35$; $T_{r2} = 0{,}7\, T_G$; $\dfrac{T_{r2}}{T_{r1}} = 2{,}8$;

                                                                                                       $x_L = \pm\, 0{,}01 \cdot K_s \cdot y_h$

    Sollwert: variabel zwischen $0{,}2 \div 0{,}8\; K_s \cdot y_h$

    gemessen: f , Ü , t_{aus}

Die Abhängigkeit der Schaltfrequenz von der Lage des Sollwertes ist ebenfalls durch Gleichung 26 gegeben. Die gemessenen Werte stimmen hier sehr gut mit den errechneten überein (Bild 16). Die maximale Überschwingweite nimmt mit höherer Sollwerteinstellung ab, bei einer Sollwerteinstellung $w \geq 0{,}8 \cdot K_s \cdot y_h$ schwingt die Regelgröße nicht mehr über den Sollwert. Dies ist begründet in der begrenzten Stellgröße y_h.

Die Dämpfung des Regelverlaufes ist in dem untersuchten Sollwertbereich ungefähr konstant, so daß der Regelvorgang nach einer Einschwingperiode der Regelgröße jeweils beendet ist. t_{aus} steigt bei

$$\dfrac{w}{K_s \cdot y_h} > 0{,}5$$

an, weil die Regelgröße nach der ersten Einschwingperiode nur kriechend in den Toleranzbereich einläuft.

h) Untersuchung des Regelkreises bei Störverhalten:

Daten der Regelstrecke: $T_U = 1,2$ s ; $T_G = 4,5$ s ; $K_s = 1$;

Daten des Reglers: $K_r = 0,8$; $T_{r2} = 3$ s ; $T_{r1} = 1$ s

$x_L = \pm 0,01 \, K_s \cdot y_h$

I $\quad \dfrac{\Delta z}{K_s \, y_h} = 0,2$

$\dfrac{w}{K_s \cdot y_h} = 0,25$; $0,5$; $0,75$

II $\quad \dfrac{w}{K_s \cdot y_h} = 0,5$

$\dfrac{\Delta z}{K_s \cdot y_h} = 0,1$; $0,2$; $0,3$; $0,4$

Den gemessenen Regelverlauf zeigen die Bilder 17 und 18.

Bei konstantem Sollwert ist die maximale vorübergehende Regelabweichung proportional der auftretenden Störgröße. Die Lage des Sollwertes hat bei konstanter Störgröße innerhalb des gemessenen Sollwertbereiches keinen Einfluß auf den Regelverlauf.

Ausgeführte Meßreihen

Nr.	Regelstrecke			Regler				Sollwert	Störgröße	gemessen	Diagramm
	T_U	T_G	K_S	x_L	T_{r1}	T_{r2}	K_r	w	Δz		
a	0,8 s	4,0 s	1	$\pm 0,01 K_S y_h$	0,8 s	2,0 s	variabel	$0,5 K_S y_h$	0	$t_{aus}(K_r); \ddot{U}(K_r)$	Bild 9 und 10
	"	"	"	"	0,6 s	"	"	"	0	"	"
	"	"	"	"	0,37 s	"	"	"	0	"	"
b	"	"	"	"	variabel	"	0,35	"	0	$t_{aus}(\frac{T_{r2}}{T_{r1}}); \ddot{U}(\frac{T_{r2}}{T_{r1}})$	Bild 11
c	"	"	"	"	variabel wobei $T_{r2}/T_{r1}=2,8$		"	"	0	$t_\infty(\frac{T_{r2}}{T_G}); \ddot{U}(\frac{T_{r2}}{T_G})$	Bild 12
d	variabel	"	"	"	1,0 s	2,8 s	variabel	"	0	$K_r(\frac{T_U}{T_G})$	Bild 13
e	0,8 s	"	"	variabel	"	"	0,35	"	0	$f(x_L); \ddot{U}(x_L); \Delta x(x_L); t_{aus}(x_L)$	Bild 14
f	"	"	"	variabel wobei $\frac{K_r \cdot h}{x_L}=35$	"	"	variabel	"	0	$f(x_L); \ddot{U}(x_L); t_{aus}(x_L)$	Bild 15
g	"	"	"	$\pm 0,01 K_S y_h$	"	"	0,35	variabel	0	$f(w); \ddot{U}(w); t_{aus}(w)$	Bild 16
h	1,2 s	4,5 s	"	"	"	3 s	0,8	variabel $0,5 K_S y_h$	$0,2 K_S y_h$ variabel	$x(t)$	Bild 17 und 18

Diese Messungen wurden durchgeführt an Regelstrecken mit dem Übertragungsbeiwert $K_s = 1$. Ist $K_s \neq 1$, so muß wie bei Regelkreisen mit stetigem PID-Regler mit Rücksicht auf die Dämpfung des Regelverlaufes der Übertragungsbeiwert der Rückführung geändert werden.

Gleiche Dämpfung liegt vor bei konstanter Kreisverstärkung, somit für K_r proportional K_s, da K_R nahezu umgekehrt proportional K_r ist.

Zwei Fälle sind zu unterscheiden:

a) w = konstant b) $\dfrac{w}{K_s}$ = konstant

Es sei $K_{s2} = a \cdot K_{s1}$

Im Falle a) bleibt der Regelverlauf unverändert, wenn

$$y_{h2} = \frac{1}{a} \cdot y_{h1} \; ; \; K_{r2} = a \cdot K_{r1}$$

dann ist $K_{s1} \cdot y_{h1} = K_{s2} \cdot y_{h2}$; $K_{R1} \cdot K_{s1} = K_{R2} \cdot K_{s2}$.

im Falle b) $K_{r2} = a \cdot K_{r1}$ $x_{L2} = a \cdot x_{L1}$

wobei hier gilt: $x_2(t) = a \cdot x_1(t)$

7. Vergleich unterschiedlicher Rückführschaltungen

Bild 19 zeigt 3 Schaltungsarten für die Realisierung der verzögert-nachgebenden Rückführung. Die zugehörigen Frequenzgang-Gleichungen lauten:

a) $F_{ra} = F_{rc} = \dfrac{p(T_{r2} - T_{r1}) K_{ra}}{(1 + p T_{r1}) \cdot (1 + p T_{r2})}$ (6) ; $K_{rc} = K_{ra}$

b) $F_{rb} = \dfrac{p T_{r2} \cdot K_{rb}}{(1 + p T_{r1}) \cdot (1 + p T_{r2})}$ (34)

Die Schaltung a) wurde in den Untersuchungen verwendet, für die
Schaltung c) gelten die gleichen Ergebnisse.

Durch Koeffizientenvergleich zwischen F_{rb} und F_{ra} lassen sich die
Einstellwerte von K_{ra} auf Schaltung b) übertragen. Es gilt:

$$K_{rb} = \left(1 - \frac{T_{r1}}{T_{r2}}\right) \cdot K_{ra} \qquad (35)$$

Für das als optimal ermittelte Verhältnis

$$T_{r2}/T_{r1} = 2,8 \qquad \text{also} \qquad K_{rb} = 0,65 \cdot K_{ra}$$

8. Untersuchung des Regelverhaltens mit Hilfe der Beschreibungsfunktion an zwei Beispielen

Häufig wird die Beschreibungsfunktion mit der harmonischen Linearisierung gleichgesetzt. Hierbei wird ein sinusförmiges Eingangssignal des nichtlinearen Regelkreisgliedes angenommen. Das ist zulässig, wenn der lineare Teil des Regelkreises Tiefpaßverhalten zeigt, wie es bei Regelstrecken höherer Ordnung der Fall ist. Die Beschreibungsfunktion ist dann definiert als

$$\underline{N}_h = \frac{\underline{x}_{a1}}{\underline{x}_e} \qquad (36)$$

$\underline{x}_{a1}$ = Grundwelle von x_a

$\underline{x}_e$ = sinusförmige Eingangsgröße

Beim Zweipunktregler mit verzögert-nachgebender Rückführung ist das Eingangssignal des Zweipunktgliedes $x_e = w - x - x_r$. Da im eingeschwungenen Zustand die Regelgröße ungefähr konstant und gleich dem Sollwert ist, wird der Schaltvorgang des Zweipunktreglers im wesentlichen durch x_r bestimmt. Die Kurvenform von x_e ist mit guter Näherung dreieckförmig, dies gilt auch noch für eine geringe Restwelligkeit der Regelgröße x im eingeschwungenen Zustand.

In diesem Fall muß die Beschreibungsfunktion aus dem Verhältnis der Grundwellen von Ausgangs- und Eingangsgröße des Zweipunktgliedes gebildet werden.

$$\underline{N} = \frac{\underline{x}_{e1}}{\underline{x}_{e1}} \qquad (37)$$

Es sei zunächst ein symmetrischer Verlauf der dreieckförmigen Eingangsschwingung x_e angenommen (Bild 20). Dann gilt nach der Fourieranalyse für die Grundwelle x_{e1} :

$$x_{e1} = \hat{x}_{e1} \cdot \sin \omega t \quad (38) \quad \text{mit} \quad \hat{x}_{e1} = \frac{8\, \hat{x}_e}{\pi^2} \quad (39)$$

Die Ausgangsschwingung des Zweipunktreglers ist dann eine symmetrische Rechteckschwingung mit der Höhe y_o.

Für die Amplitude der Grundwelle y_1 gilt:

$$\hat{y}_1 = \frac{4\, y_o}{\pi} \qquad (40)$$

Gegenüber x_{e1} ist die Grundwelle y_1 um den Phasenwinkel

$$\varphi_N = - \frac{x_L}{\hat{x}_e} \cdot \frac{\pi}{2} \qquad (41) \qquad \text{nacheilend verschoben.}$$

In komplexer Schreibweise gilt somit:

$$\underline{x}_{e1} = \hat{x}_{e1} \cdot e^{j\omega t} \qquad (42)$$

$$\underline{y}_1 = \hat{y}_1 \cdot e^{j(\omega t + \varphi_N)} \qquad (43)$$

$$\underline{N} = \frac{\underline{y}_1}{\underline{x}_{e1}} = \frac{y_o \cdot \pi}{2\, \hat{x}_e} \, e^{j\varphi_N} \qquad (44)$$

Der Verlauf $\underline{N}\left(\frac{\hat{x}_e}{x_L}\right)$ ist in Bild 23 an einem Beispiel dargestellt.

Es soll nun zunächst die Dauerschwingung der folgenden Regelkreise berechnet werden:

a) Regelstrecke mit integralem Verhalten und einem symmetrischen Zweipunktregler mit Hysterese (Bild 21).

Bedingung für eine Dauerschwingung des Regelkreises:

$$\underline{N} = -\frac{1}{\underline{F}_s} \qquad (45)$$

$$\frac{y_0 \cdot \pi}{2\,\hat{x}_e} \cdot e^{+j\varphi_N} = -j\omega T_I \qquad (46)$$

Daraus folgt $\varphi_N = -\frac{\pi}{2}$ \qquad (47)

und für die Schaltfrequenz, da $\hat{x}_e = x_L$

$$f = \frac{y_0}{4 \cdot x_L \cdot T_I} \qquad (48)$$

b) Regelkreis bestehend aus einer Regelstrecke mit integralem Verhalten und Totzeit sowie einem symmetrischen Zweipunktregler mit Hysterese (Bild 22).

Beschreibungsfunktion des Zweipunktreglers:

$$\underline{N} = \frac{y_1}{\underline{x}_{e1}} = \frac{y_0 \cdot \pi}{2\,\hat{x}_e} e^{j\varphi_N} \quad (44) \text{ mit } \varphi_N = -\frac{x_L}{\hat{x}_e}\frac{\pi}{2} \quad (41)$$

Der Frequenzgang der Regelstrecke lautet:

$$\underline{F}_s = \frac{1}{j\omega T_I} e^{-j\omega T_t} \qquad (49)$$

Die Bedingung für die Regelschwingung ist:

$$\underline{N} = -\frac{1}{\underline{F}_s} \qquad (45)$$

Aus $|\underline{N}| = \frac{1}{|\underline{F}_s|}$ (50) und $\varphi_N = \varphi\!\left(-\frac{1}{\underline{F}_s}\right)$ (51) lassen sich

die Schaltfrequenz bzw. Periodendauer und die Amplitude der
Regelschwingung berechnen.

$$T = \frac{4 \cdot x_L \cdot T_I}{y_0} + 4\,T_t \qquad (52)$$

$$\hat{x} = x_L + \frac{T_t}{T_I} \cdot y_0 \qquad (53)$$

Diese Werte ergeben sich auch graphisch aus dem Schnittpunkt
der Ortskurven $-\frac{1}{\underline{F}_s}$ und $\underline{N}$.

9. Anwendung der Beschreibungsfunktion auf Regelkreise mit Zweipunktreglern, die eine Rückführung besitzen

Wie schon früher erwähnt, wird der Schaltvorgang beim Zweipunktregler mit Rückführung im Regelkreis im wesentlichen durch die Reglerparameter bestimmt. Das Eingangssignal des Zweipunktgliedes hat dann mit guter Näherung dreieckförmigen Verlauf.

Der Frequenzgang des Zweipunktreglers mit Rückführung läßt sich berechnen nach der Gleichung

$$\underline{F}_R = \frac{1}{\frac{1}{\underline{N}} + \underline{F}_r} \qquad (54)$$

enthält also den frequenzabhängigen Anteil $\underline{F}_r$ und einen amplitudenabhängigen Teil $\underline{N}$ bzw. $1/\underline{N}$.

Die Schwingungsbedingung des Regelkreises

$$\underline{F}_R \cdot \underline{F}_s = -1 \qquad (55)$$

ergibt

$$\underline{F}_s + \underline{F}_r = -\frac{1}{\underline{N}} \qquad (56)$$

Die linke Seite dieser Gleichung enthält nur noch die frequenzabhängigen Glieder.

Für eine hinreichend hohe Schaltfrequenz wird $\underline{F}_a$ ungefähr null, d. h. die Regelgröße schwingt auf einen praktisch konstanten Wert ein. Der Schwingungsvorgang ist dann im eingeschwungenen Zustand bestimmt durch das Geschehen im Regler.

Für den Zweipunktregler mit verzögerter Rückführung (Bild 1) gilt dann die Schwingungsbedingung:

$$\underline{N} = -\frac{1}{\underline{F}_r}$$

mit $\quad \underline{N} = \dfrac{\pi \cdot y_0}{2\, x_L \cdot \dfrac{\ell_e}{x_L}} \cdot e^{-j\dfrac{x_L}{\ell_e} \cdot \dfrac{\pi}{2}} \qquad (57)$

$$\underline{F}_r = \frac{K_r}{1 + j\omega T_r} \qquad (58)$$

Aus der Ortskurvendarstellung (Bild 23) erkennt man, daß die Bedingung $\underline{N} = \dfrac{1}{\underline{F}_r}$ nur näherungsweise erfüllt werden kann, und zwar für $\ell_e = x_L$.

Aus $\quad |\underline{N}| = \dfrac{1}{|\underline{F}_r|} \quad$ folgt:

$$\omega = \frac{1}{T_r} \sqrt{\left(\frac{K_r \cdot y_0 \cdot \pi}{2\, x_L}\right)^2 - 1} \qquad (59)$$

und wegen $x_L \ll K_r \cdot y_0$

$$f \approx \frac{K_r \cdot y_0}{4 \cdot x_L \cdot T_r} \qquad (60)$$

Diese Schaltfrequenz stellt sich genau ein, wenn das PT1-Glied durch ein I-Glied ersetzt wird.

Die gleiche Betrachtung läßt sich übertragen auf einen Zweipunktregler mit verzögert-nachgebender Rückführung.

Hier ist

$$\underline{F}_r = \frac{K_r (T_{r2} - T_{r1}) \cdot j\omega}{(1 + j\omega T_{r1}) \cdot (1 + j\omega T_{r2})} \quad (6)$$

Unter der Voraussetzung $(\omega T_{r1})^2 \gg 1$ und $(\omega T_{r2})^2 \gg 1$ berechnet sich aus $|\underline{N}| = \frac{1}{|\underline{F}_r|}$ die Schaltfrequenz

$$f \approx \frac{K_r \cdot y_0 \cdot (T_{r2} - T_{r1})}{4 \cdot x_L \cdot T_{r1} \cdot T_{r2}} \quad (61)$$

Diese entspricht der maximalen Schaltfrequenz nach Gleichung 27 für $\frac{\omega}{K_r \cdot y_h} = 0,5$.

In Bild 24 sind die Ortskurven folgender Frequenzgänge ausschnittweise dargestellt.

$$\underline{F}_s = \frac{1}{(1 + j\omega T_s)^3} \quad (62) \quad \text{mit } T_s = 1 \text{ s}$$

$$\underline{F}_r = \frac{K_r (T_{r2} - T_{r1}) \cdot j\omega}{(1 + j\omega T_{r1})(1 + j\omega T_{r2})} \quad (6) \quad \text{mit } K_r = 0,35 \, ;$$
$$T_{r1} = 1 \text{ s} \, ; \, T_{r2} = 2,8 \text{ s}$$

$$\underline{F}_s + \underline{F}_r$$

Die Kennwerte von $\underline{F}_r$ entsprechen den günstigsten Einstellwerten eines Zweipunktreglers mit verzögert-nachgebender Rückführung für diese Regelstrecke 3. Ordnung (vergl. Meßkurve d).

Die Ortskurve $\underline{F}_s + \underline{F}_r$ schmiegt sich mit wachsenden Frequenzen asymptotisch an $\underline{F}_r$ an. Dies ist hier der Fall für $\omega > 6 \text{ s}^{-1}$ und hängt vom Tiefpaßverhalten der Regelstrecke ab. Die Schaltfrequenz des PID-Zweipunktreglers im geschlossenen Regelkreis sollte nun so groß sein, daß die zugehörigen Kreisfrequenzen oberhalb dieses ω-Wertes liegen. Messungen an mehreren Modellregelkreisen ergaben, daß diese Bedingung immer erfüllt ist, wenn die Regelgröße im eingeschwungenen Zustand innerhalb eines vorgegebenen Toleranzbereichs $\Delta x = \pm 0{,}01\, K_s \cdot y_h$ bleibt.

Das Eingangssignal x_e des Zweipunktgliedes hat auch dann mit guter Näherung dreieckförmigen Verlauf mit der Amplitude $\hat{x}_e = x_L$ und $\varphi_N = -\frac{\pi}{2}$.

Man erhält somit die Schaltfrequenz des Zweipunktreglers indem man die Imaginärteile der Ortskurven $(\underline{F}_s + \underline{F}_r)$ und $-\frac{1}{\underline{N}}$ gleichsetzt und die zugehörige Kreisfrequenz ermittelt.

An einem Regelkreis nach Bild 4 mit den Kennwerten von Seite 24 wurden die Schaltfrequenzen ermittelt und in nachstehender Tabelle gegenübergestellt.

a) f_a gemessen
b) f_b ermittelt aus $\mathrm{Im}\left(-\frac{1}{\underline{N}}\right) = \mathrm{Im}\,(\underline{F}_s + \underline{F}_r)$
c) f_c berechnet nach Gleichung 27

$\frac{x_L}{K_s \cdot y_h}\,[\%]$	0,5	1	1,5	2	2,5	3	3,5
$\frac{\Delta x}{K_s \cdot y_h}\,[\%]$	≈0	≈0	≈0	≈0	± 0,4	± 0,7	± 1,4
$f_a\,[\mathrm{Hz}]$	5	2,6	1,7	1,25	0,9	0,7	0,55
$f_b\,[\mathrm{Hz}]$	5,5	2,7	1,75	1,27	0,95	0,71	0,51
$f_c\,[\mathrm{Hz}]$	5,6	2,8	1,87	1,4	1,1	0,9	0,8

Das Ergebnis zeigt eine relativ gute Übereinstimmung von f_a und f_b. Solange die Restschwingung Δx der Regelgröße im eingeschwungenen Zustand vernachlässigbar ist, stimmen auch die Werte f_c mit den übrigen einigermaßen gut überein. Da in Gleichung 27 Δx vernachlässigt ist, muß mit zunehmender Restschwankung der Regelgröße die errechnete Frequenz f_c von f_a bzw. f_b abweichen.

10) Vergleich der Ortskurven von Regelkreisen mit PID-Zweipunkt-punktreglern und solchen mit stetigen Reglern

Die früheren Untersuchungen zeigen, daß sich der Zweipunktregler mit verzögert-nachgebender Rückführung näherungsweise wie ein stetiger PID-Regler verhält. Es liegt somit der Gedanke nahe, die Begriffe Amplitudenrand und Phasenrand auf den Regelkreis mit PID-Zweipunktregler anzuwenden.

Für den stetigen Regelkreis gelten die Definitionen

$$\text{Amplitudenrand} \qquad A_R = \frac{1}{|\underline{F}_o|} \qquad (63) \qquad \text{für } \varphi_o = 0°$$

$$\text{Phasenrand} \qquad \alpha_R = \varphi_o \qquad (64) \qquad \text{für } |\underline{F}_o| = 1$$

$$\text{mit } \underline{F}_o = -\underline{F}_s \cdot \underline{F}_R \quad \text{und} \quad \varphi_o = \varphi_s + \varphi_R + 180° \qquad (65)$$

Ein Regelkreis ist stabil, wenn $A_R > 1$ und $\alpha_R > 0°$ ist.

Für das Zweiortskurvenverfahren läßt sich die Stabilitätsbedingung ausdrücken:

$$\frac{1}{|\underline{F}_R|} > |\underline{F}_s| \qquad \text{für} \quad \varphi_s = \varphi\left(\frac{1}{\underline{F}_R}\right)$$

$$\varphi_s > \varphi\left(\frac{1}{\underline{F}_R}\right) \qquad \text{für} \quad \frac{1}{|\underline{F}_R|} = |\underline{F}_s|$$

Der reziproke Frequenzgang des Zweipunktreglers mit Rückführung lautet unter Verwendung der Beschreibungsfunktion:

$$\frac{1}{\underline{F}_R} = \underline{F}_r + \frac{1}{\underline{N}} \qquad (66)$$

Unter der Voraussetzung eines dreieckförmigen Verlaufs von x_e, dem Eingangssignal des Zweipunktreglers, ist:

$$\underline{N} = \frac{\pi \cdot v_h}{4 \cdot x_L} \cdot e^{-j\frac{\pi}{2}} \qquad (67)$$

nur von $\frac{y_h}{x_L}$ abhängig.

Man erhält die Ortskurve $-\frac{1}{\underline{F}_R}$ also durch Verschieben der Ortskurve $-\underline{F}_r$ um $-j\frac{1}{|\underline{N}|}$.

Bild 25 zeigt die Ortskurven $\underline{F}_s$; $-\underline{F}_r$; $-\left(\underline{F}_r + \frac{1}{\underline{N}}\right)$ des Regelkreises (Bild 4) mit den Einstellwerten von Seite 24.

Nach der obigen Definition ergibt sich für den Regelkreis mit PID-Zweipunktregler ein Phasenrand $\alpha_R = 38°$, für den Regelkreis mit idealem PID-Regler mit $\underline{F}_R = \frac{1}{\underline{F}_r}$ ein Phasenrand $\alpha_R = 45°$.

Ein Amplitudenrand ist in diesem Fall nicht gegeben, da die Summe $\varphi_R + \varphi_s$ den Wert $-180°$ nicht unterschreitet. Bei Verwendung des PID-Zweipunktreglers zeigt eine genauere Untersuchung, daß für $\varphi_s = \not{\!\!\!\!}\left(-\frac{1}{\underline{F}_R}\right)$ der Betrag von $\frac{1}{|\underline{F}_R|} \gg |\underline{F}_s|$ und somit ein gut gedämpfter Regelverlauf gegeben ist. Bild 26 zeigt den gemessenen Verlauf der Regelgröße mit den Kennwerten von Seite 24.

11. Einfluß des Sollwertes auf das Regelverhalten eines Regelkreises mit PID-Zweipunktregler

Für die Berechnung der Beschreibungsfunktion wurde bisher eine symmetrische Dreieckschwingung des Eingangssignals x_e angenommen. Dies trifft im Regelkreis zu für eine Sollwerteinstellung $w = 0,5 \cdot K_s \cdot y_h$. Da der Zweipunktregler die Stellgröße nur ein- oder ausschalten kann, ist bei dieser Sollwerteinstellung die Einschaltzeit t_E gleich der Ausschaltzeit t_A.

Bei einer Sollwerteinstellung $\frac{w}{K_s \cdot y_h} \gtrless 0,5$ wird $\frac{t_E}{t_A} \gtrless 1$ und damit die Dreieckschwingung x_e unsymmetrisch.

Für den Regelkreis nach Bild 4 sei im eingeschwungenen Zustand wieder $\bar{x} = w$ angenommen; dann gilt:

$$t_E = \frac{\omega}{K_s \cdot v_h} \left(t_E + t_A\right) \qquad (68)$$

Bei hinreichend kleiner Hysteresebreite des Zweipunktreglers kann der Verlauf von x_r im eingeschwungenen Zustand wieder als Dreieckschwingung mit der Amplitude $\hat{x}_e = x_L$ aufgefaßt werden.

Man erhält für x_r im eingeschwungenen Zustand näherungsweise den Verlauf nach Bild 27.

Nach der Fourieranalyse läßt sich die Amplitude der Grundwelle von x_r berechnen

$$\hat{x}_{r1} = \frac{8 \, x_L}{\omega t_E \cdot \omega t_A} \cdot \sin \frac{\omega \, t_E}{2} \qquad (69)$$

Mit Gleichung 68 und der Beziehung $\omega(t_E + t_A) = 2\pi$ erhält man:

$$\hat{x}_{r1} = \frac{2 \, x_L}{\pi^2 \frac{\omega}{K_s \cdot v_h} \left(1 - \frac{\omega}{K_s \cdot v_h}\right)} \cdot \sin \frac{\omega}{K_s \cdot v_h} \cdot \pi \qquad (70)$$

Der Gleichanteil der Stellgröße y ist $\bar{y} = \left(\frac{\omega}{K_s \cdot v_h}\right) \cdot v_h$ (71) und stellt sich jeweils so ein, daß im eingeschwungenen Zustand $\bar{x} = w$ wird. Für die weitere Untersuchung interessiert nur der Wechselanteil von y.

Die Amplitude der Grundwelle läßt sich nach der Fourieranalyse berechnen.

$$\hat{y}_1 = \frac{2 \, v_h}{\pi} \cdot \sin \frac{\omega}{K_s \cdot v_h} \cdot \pi \qquad (72)$$

Aus Bild 27 ist ersichtlich, daß die Phasenverschiebung zwischen y_1 und x_{r1} unabhängig von der Lage des Sollwertes 90° beträgt. Da nach den oben genannten Voraussetzungen $x_e = -x_r$ ist, gelten für die Grundwellen x_{e1} und y_1 in komplexer Schreibweise die Gleichungen :

$$x_{e1} = \hat{x}_{e1} \cdot e^{j\omega t} \quad (73) \quad \text{mit} \quad \hat{x}_{e1} = \hat{x}_{r1}$$

$$y_1 = \hat{y}_1 \cdot e^{j\left(\omega t - \frac{\pi}{2}\right)} \quad (74)$$

Daraus folgt für die Beschreibungsfunktion in Abhängigkeit von der Sollwerteinstellung:

$$\underline{N} = \frac{\underline{y}_1}{\underline{x}_{e1}} = \frac{y_h \cdot \pi}{x_L} \cdot \frac{\omega}{K_s \cdot y_h} \cdot \left(1 - \frac{\omega}{K_s \cdot y_h}\right) \cdot e^{-j\frac{\pi}{2}} \quad (75)$$

Der Betrag $|\underline{N}| = \frac{y_h \cdot \pi}{x_L} \cdot \frac{\omega}{K_s \cdot y_h} \left(1 - \frac{\omega}{K_s \cdot y_h}\right)$ erreicht

seinen Größtwert für $\frac{\omega}{K_s \cdot y_h} = 0,5$ und beträgt:

$$|\underline{N}| = \frac{\hat{y}_h \cdot \pi}{4 \cdot x_L}$$

Aus einem Vergleich der Ortskurven ($\underline{F}_s + \underline{F}_r$ und $-\frac{1}{\underline{N}}$) ergibt sich nach den Betrachtungen auf Seite 25, daß die Frequenz bei anderen Werten von $\frac{\omega}{K_s y_h}$ kleiner ist als die für $\frac{\omega}{K_s y_h} = 0,5$. Dies entspricht auch dem Ergebnis nach Gleichung 26.

Formelzeichen

K_s	Übertragungsbeiwert der Regelstrecke
T_G	Ausgleichzeit der Regelstrecke
T_U	Verzugszeit der Regelstrecke
K_R	Übertragungsbeiwert des Reglers
T_n	Nachstellzeit des Reglers
T_v	Vorhaltzeit des Reglers
K_r	Übertragungsbeiwert der Regler-Rückführung
T_{r1}	Rückführzeitkonstante (Mitkopplung)
T_{r2}	Rückführzeitkonstante (Gegenkopplung)
x_r	Rückführgröße
$\bar{x}_r$	arithmetischer Mittelwert der Rückführgröße
$2x_L$	Hysteresebreite des Zweipunktreglers
y_h	Stellbereich des Zweipunktreglers
w	Sollwert der Regelgröße
x	Istwert der Regelgröße
$\ddot{U}$	maximale Überschwingweite der Regelgröße
x_∞	Beharrungswert der Regelgröße ($x_\infty = K_s y_h$)
Δx	Schwankungsbreite der Regelgröße im eingeschwungenen Zustand
t_{aus}	Ausregelzeit
t_E	Einschalt-Zeitdauer
t_A	Ausschalt-Zeitdauer
T	$= t_E + t_A$ Periodendauer
f	$= \frac{1}{T}$ Frequenz
V	Verstärkungsfaktor
p	$= j\omega$ Operator

Schrifttum:
===========

a) Bücher

1 Preßler, G.: Regelungstechnik; 3. Aufl. BI-Hochschultaschenbuch 63/63 a *; Mannheim; Bibliographisches Institut; 1967.

2 Oppelt, W.: Kleines Handbuch technischer Regelvorgänge; 5. Aufl.; Weinheim; Verlag Chemie; 1972.

3 Findeisen, W.: Grundlagen der Berechnung von Regelsystemen; Berlin; VEB-Verlag Technik; 1973.

4 Schäfer, O.: Grundlagen der selbsttätigen Regelung; 7. Aufl.; Gräfelfing; Technischer Verlag Resch KG; 1974.

5 Samal, E.: Grundriß der praktischen Regelungstechnik Bd. I; 10. Aufl.; München; Oldenburg; 1974.

b) Aufsätze aus Zeitschriften und Vorträge

6 Böttcher, W.: Der Zweipunktregler an Regelstrecken mit Totzeit.

7 Böttcher, W.: Optimales Verhalten von Zweipunktreglern mit Rückführung; Regelungstechnik 8 (1960); S. 340-344.

8 Böttcher, W.: Der Zweipunktregler mit Rückführung als PID-Regler; Automatik 8 (1963); S. 291-298.

9 Keßler, C.: Ein Beitrag zur Theorie des Zweipunktreglers; Regelungstechnik 4 (1957); S. 339-342.

10 Latzel, W.: Zur Theorie des PID-Zweipunktreglers; Regelungstechnik 8 (1967); S. 355-362.

11 Katzenbeisser, R. u. R. Rohlfing: Bleibende Regeldifferenz bei Zweipunktreglern mit PID-Verhalten; 4 Regelungstechnik

(1976); S. 128-131.

12 Rosenberg, W.: Schaltende Regler; 6 Automatik (1966) S. 222-226 und 7 Automatik (1966) S. 254-257.

13 Lauber, R.: Die Beschreibungsfunktion; Vortrag im Lehrgang: Mathematische Beschreibung und Modelldarstellungen von Regelungssystemen; VDI-Bildungswerk 1970.

Bildanhang
===

Bild 1   Blockschaltbild des Zweipunktreglers mit verzögerter
          Rückführung

Bild 2   Blockschaltbild des Zweipunktreglers mit verzögert-nach-
          gebender Rückführung

Bild 3   Blockschaltbild eines stetigen PID-Reglers

Bild 4   Blockschaltbild eines Regelkreises, dessen Regler ein
          Zweipunktregler mit verzögert-nachgebender Rückführung
          ist

Bild 5   Zeitverhalten der verschiedenen Reglergrößen

Bild 6   Analogrechnerschaltung des Regelkreises mit Zweipunkt-
          regler und verzögert-nachgebender Rückführung

Bild 7   Übertragungsfunktion einer Regelstrecke höherer Ordnung
          mit den Kennwerten T_U, T_G, K_s

Bild 8   Definition der Überschwingweite und der Ausregelzeit
          in der Führungsübergangsfunktion eines Regelkreises

Bild 9   Überschwingweite in Abhängigkeit vom Übertragungsbei-
          wert der Rückführung.

Bild 10   Ausregelzeit in Abhängigkeit vom Übertragungsbeiwert
          der Rückführung

Bild 11   Überschwingweite und Ausregelzeit in Abhängigkeit vom
          Verhältnis der Rückführzeitkonstanten

Bild 12   Überschwingweite und Ausregelzeit in Abhängigkeit vom
          Verhältnis T_{r2}/T_G

Bild 13   Rückführbeiwert in Abhängigkeit vom Verhältnis T_U/T_G

- 34 -

für die optimale Reglereinstellung

Bild 14   Schaltfrequenz in Abhängigkeit von der Hysteresebreite

Bild 15   Überschwingweite, Schaltfrequenz und Ausregelzeit in Abhängigkeit von der Hysteresebreite

Bild 16   Einfluß des Sollwertes auf die Schaltfreuqnz, Überschwingweite und Ausregelzeit

Bild 17   Störübergangsfunktion bei unterschiedlichen Sollwerten

Bild 18   Störübergangsfunktionen bei unterschiedlichen Werten der Störgröße

Bild 19   Schaltungen zur Erzeugung einer verzögert-nachgebenden Rückführung

Bild 20   Zeitverlauf der Eingangs- und Ausganggröße eines symmetrischen Zweipunktreglers mit Hysterese

Bild 21   Blockschaltbild eines Regelkreises bestehend aus einer Regelstrecke mit integralem Verhalten und einem symmetrischen Zweipunktregler mit Hysterese

Bild 22   Blockschaltbild eines Regelkreises bestehend aus einer Regelstrecke mit integralem Verhalten und Totzeit sowie einem symmetrischen Zweipunktregler mit Hysterese

Bild 23   Ortskurven für $\underline{N}$ (57) und $-\frac{1}{\underline{F}_r}$ (58)

Bild 24   Ortskurven für $\underline{F}_s$ (62), $\underline{F}_r$ (6) und die Summe $\underline{F}_s + \underline{F}_r$

Bild 25   Ortskurven für $\underline{F}_s$ (62), $-\underline{F}_r$ (6) und die Summe $-(\underline{F}_r + \frac{1}{\underline{N}})$

Bild 26   Führungsverhalten der Regelgröße mit den Kennwerten
           nach Seite 24

Bild 27   Zeitverlauf der Rückführgröße x_r und der Stellgröße y
           mit ihren Grundwellen

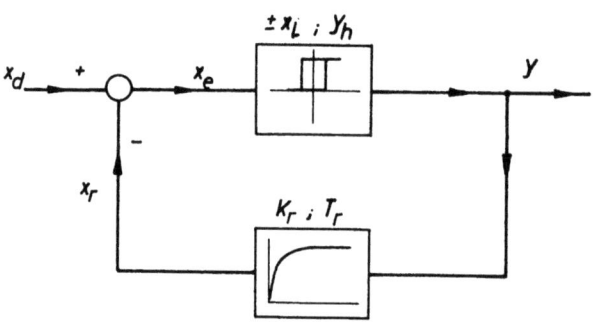

Bild 1   Blockschaltbild des Zweipunktreglers mit verzögerter Rückführung

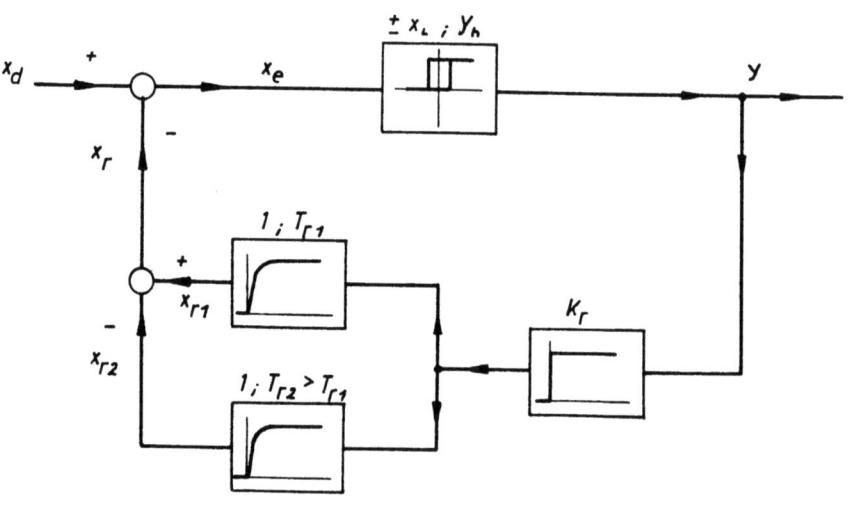

Bild 2   Blockschaltbild des Zweipunktreglers mit verzögert-nachgebender Rückführung

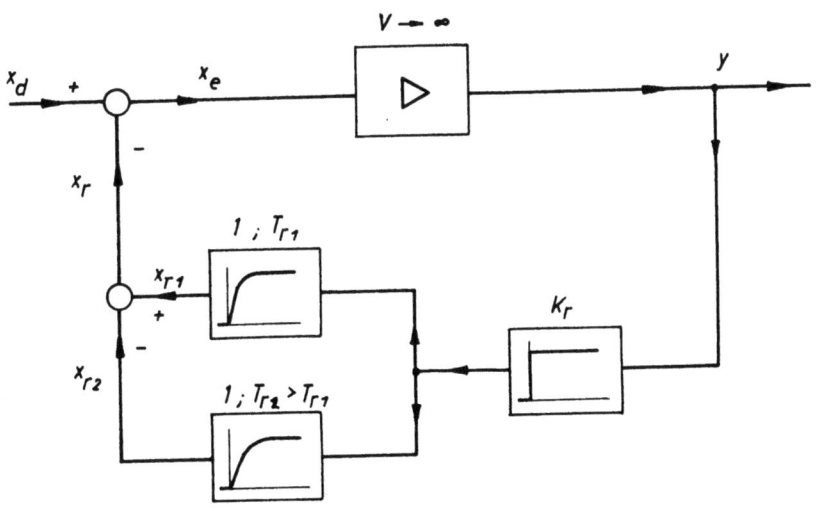

Bild 3 Blockschaltbild eines stetigen PID-Reglers

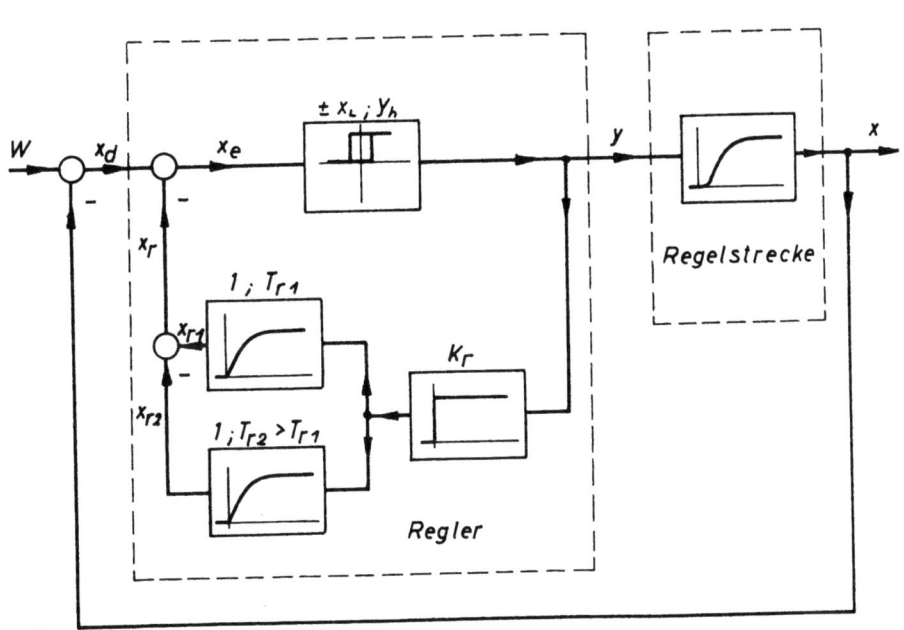

Bild 4 Blockschaltbild eines Regelkreises, dessen Regler ein Zweipunktregler mit verzögert-nachgebender Rückführung ist

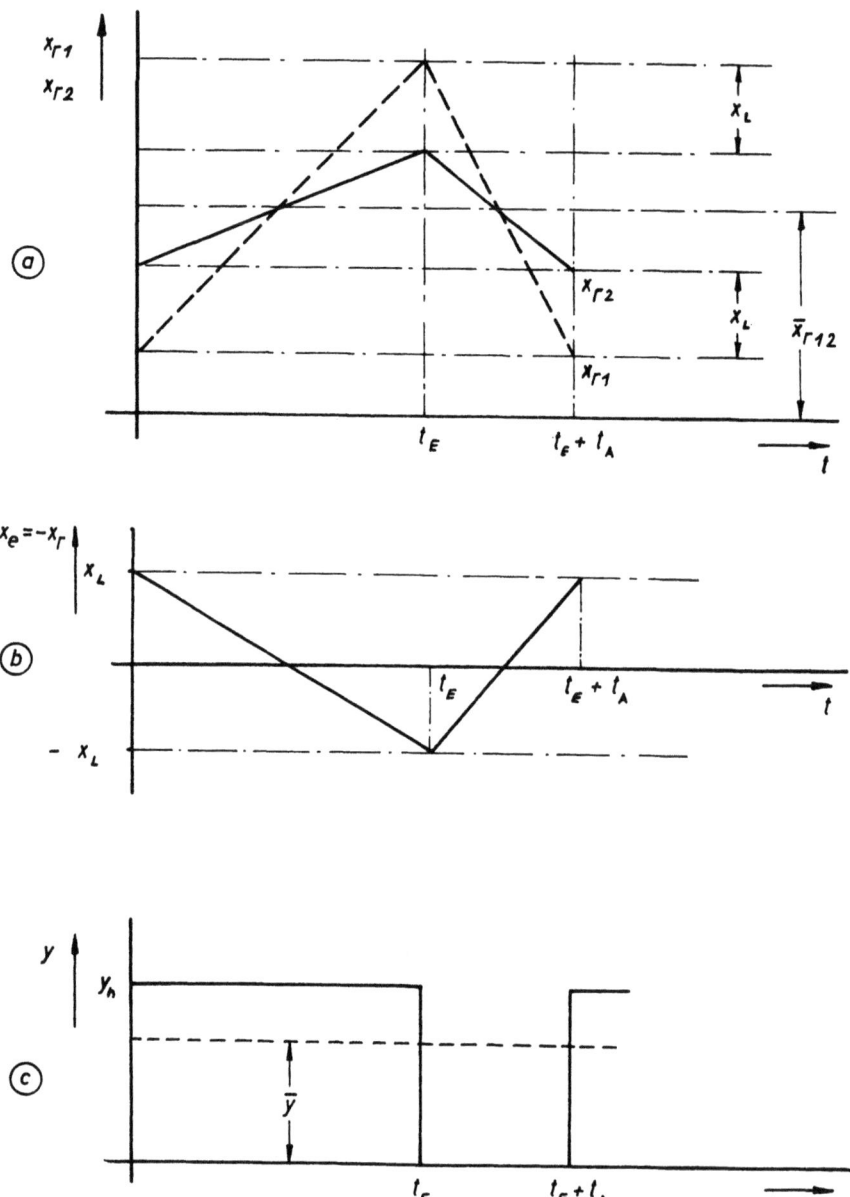

Bild 5 Zeitverhalten der verschiedenen Reglergrößen

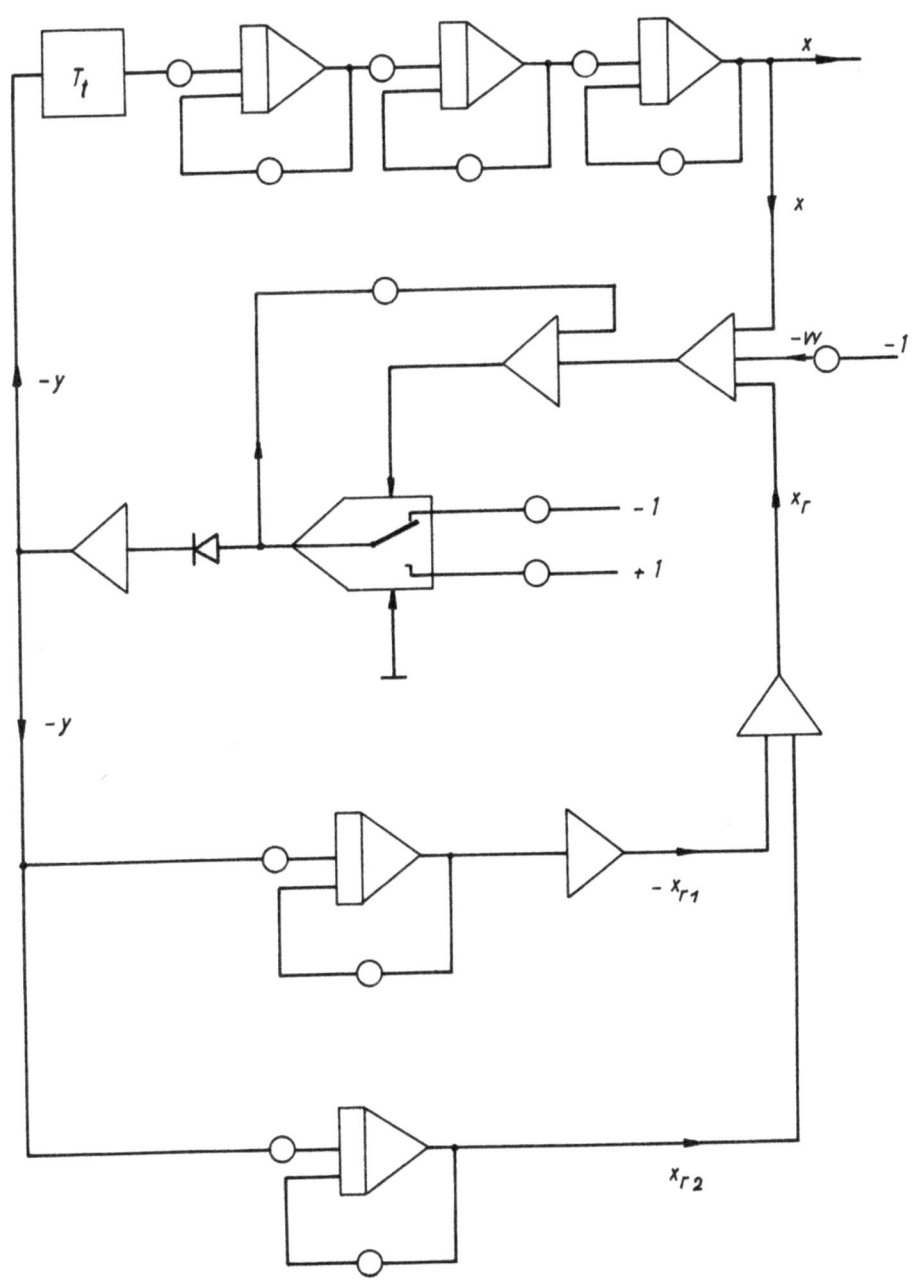

Bild 6 Analogrechnerschaltung des Regelkreises mit Zweipunktregler und verzögert-nachgebender Rückführung

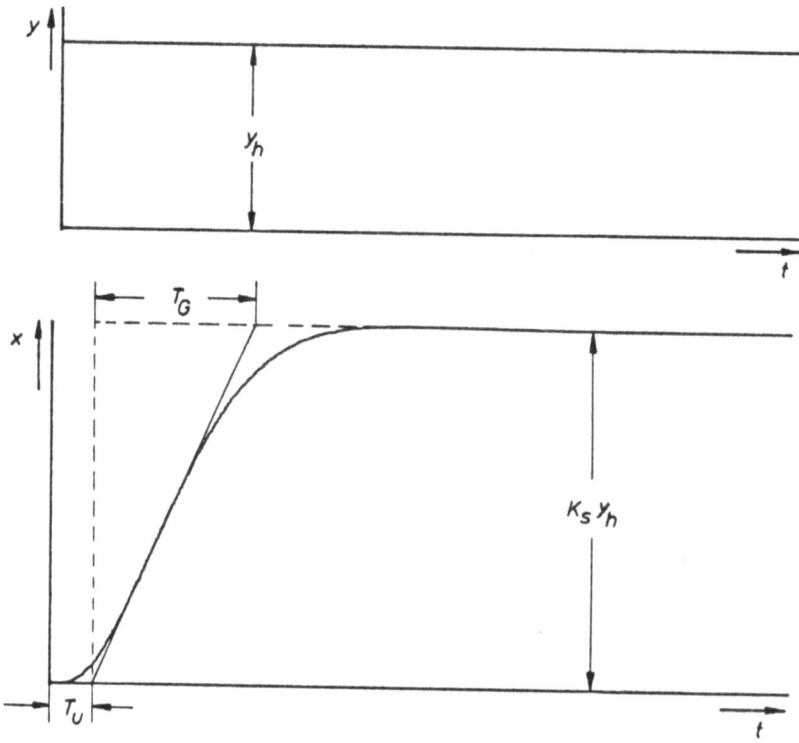

Bild 7 Übertragungsfunktion einer Regelstrecke höherer Ordnung mit den Kennwerten T_U, T_G, K_s

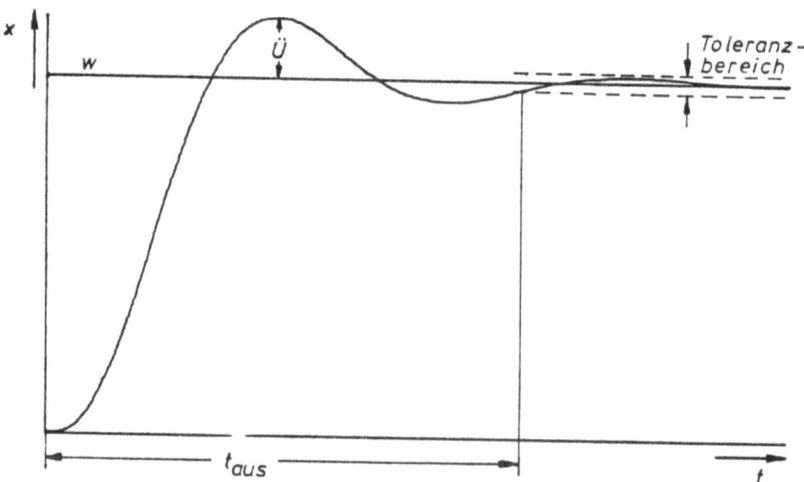

Bild 8 Definition der Überschwingweite und der Ausregelzeit in der Führungsübergangsfunktion eines Regelkreises

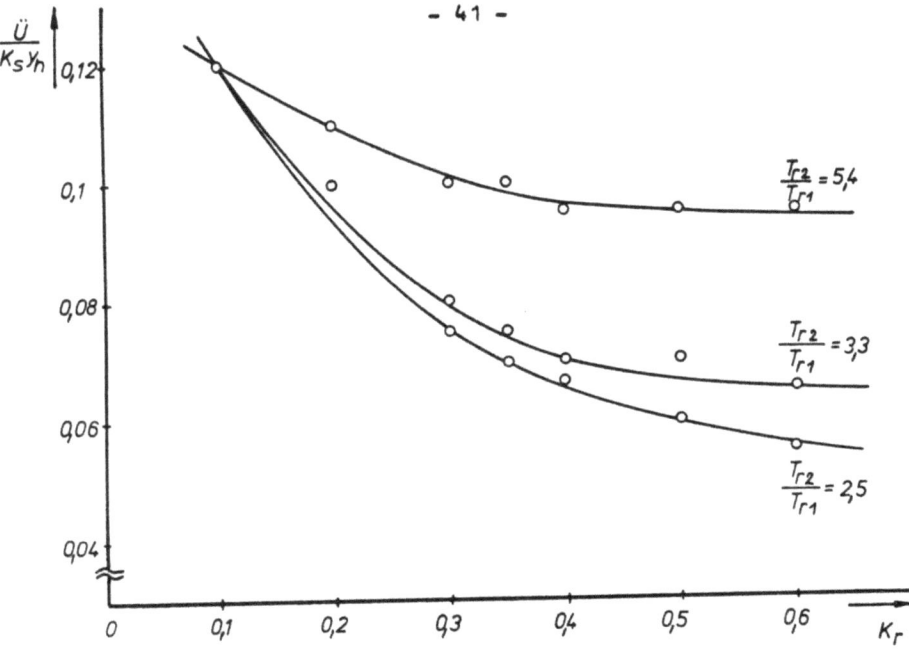

Bild 9 Überschwingweite in Abhängigkeit vom Übertragungsbeiwert der Rückführung

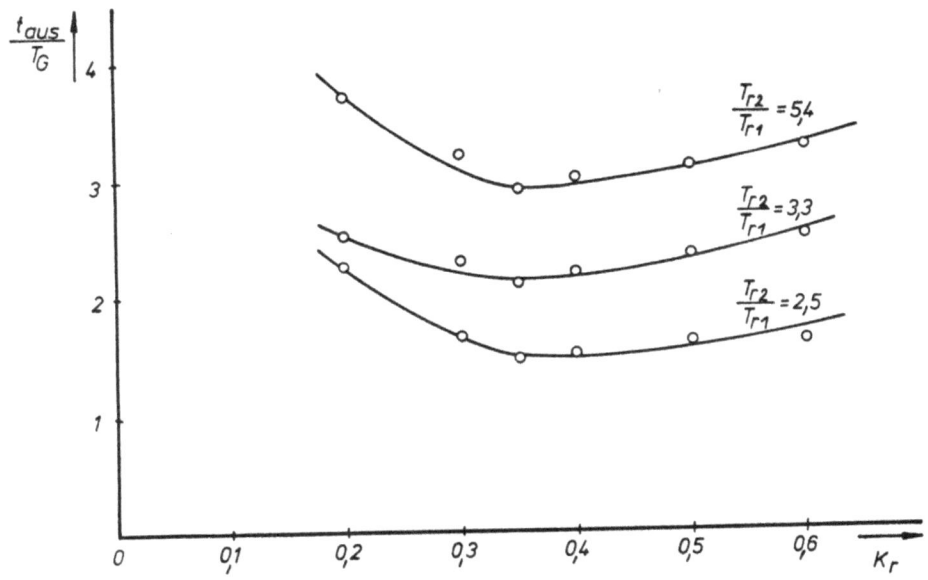

Bild 10 Ausregelzeit in Abhängigkeit vom Übertragungsbeiwert der Rückführung

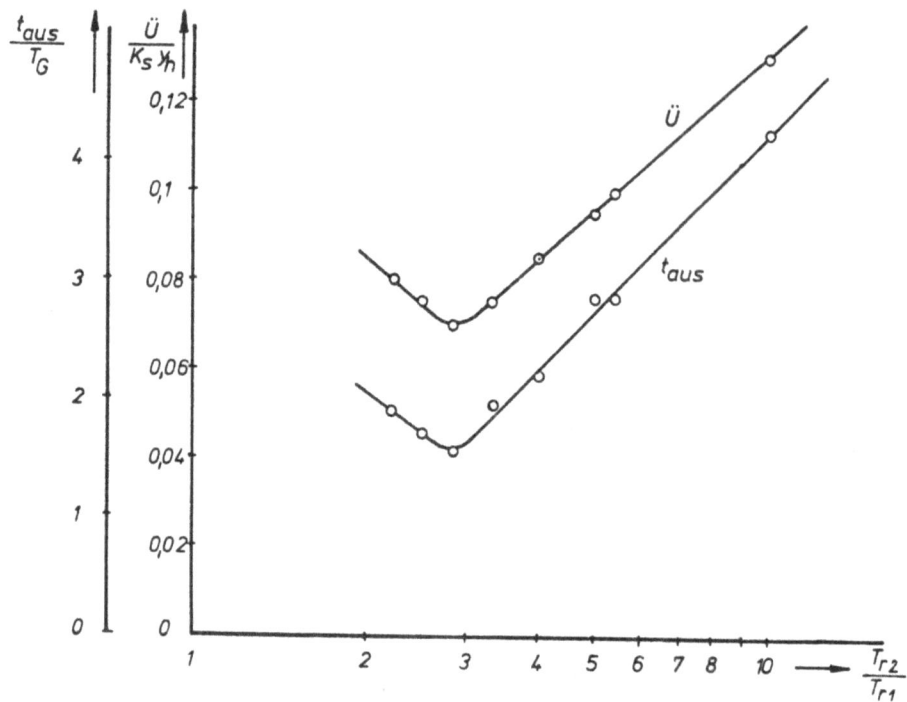

Bild 11   Überschwingweite und Ausregelzeit in Abhängigkeit vom Verhältnis der Rückführzeitkonstanten

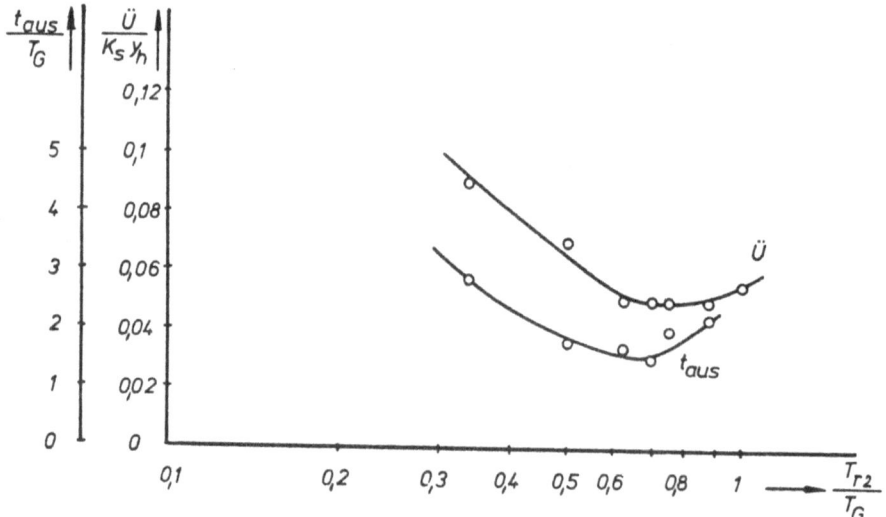

Bild 12   Überschwingweite und Ausregelzeit in Abhängigkeit vom Verhältnis T_{r2}/T_G

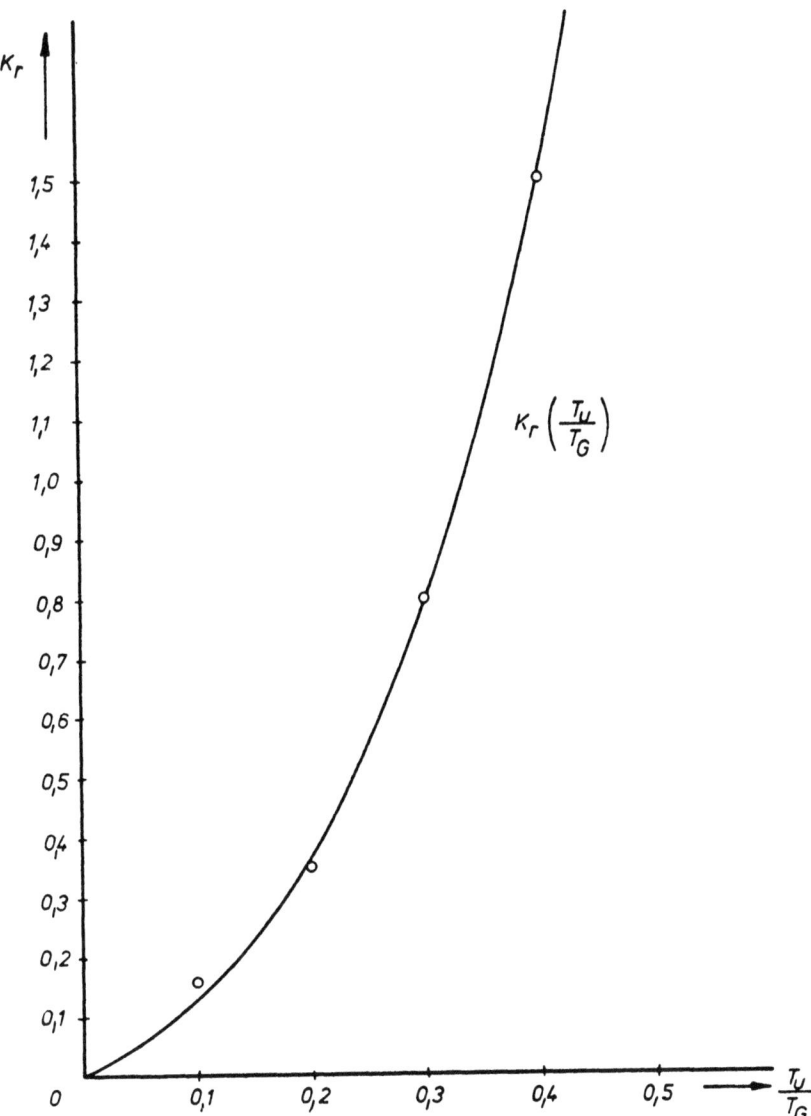

Bild 13   Rückführbeiwert in Abhängigkeit vom Verhältnis T_U/T_G für die optimale Reglereinstellung

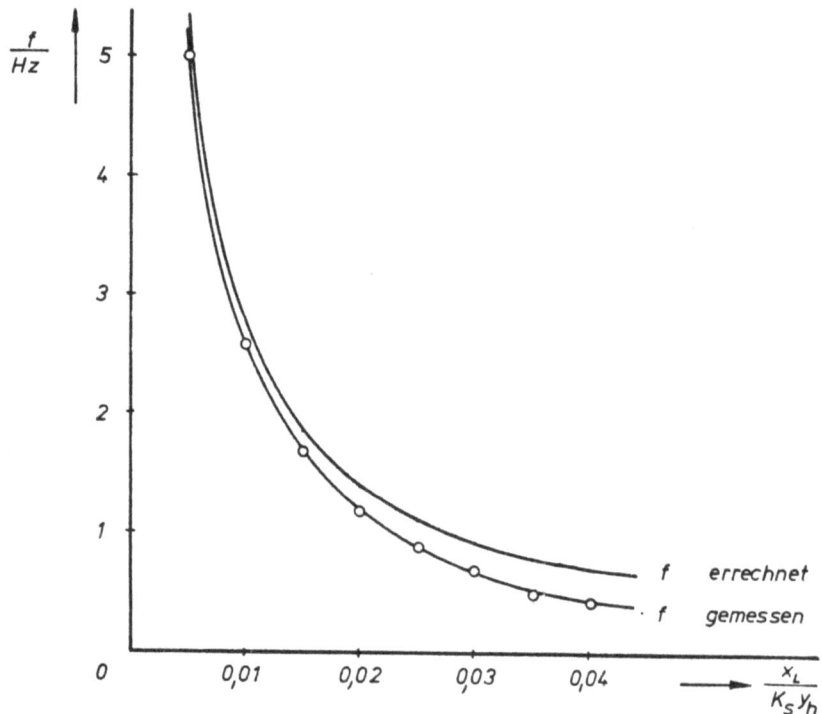

Bild 14　Schaltfrequenz in Abhängigkeit von der Hysteresebreite

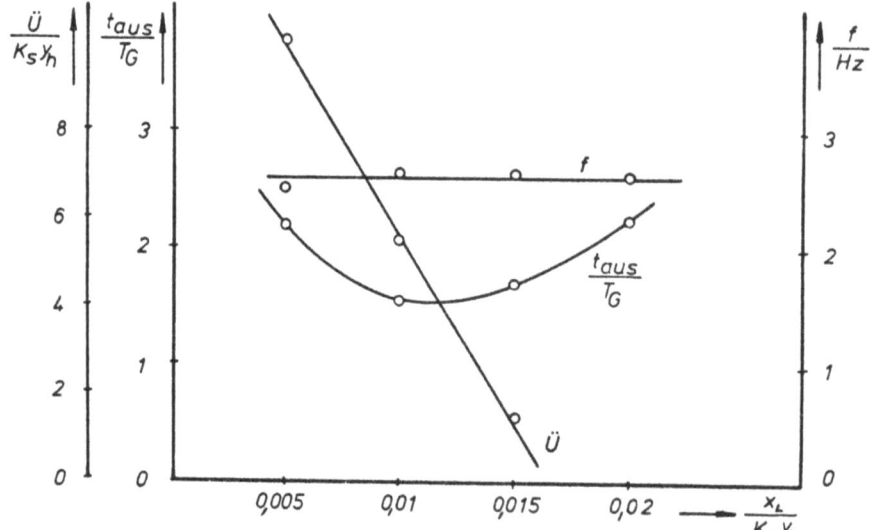

Bild 15　Überschwingweite, Schaltfrequenz und Ausregelzeit in Abhängigkeit von der Hysteresebreite

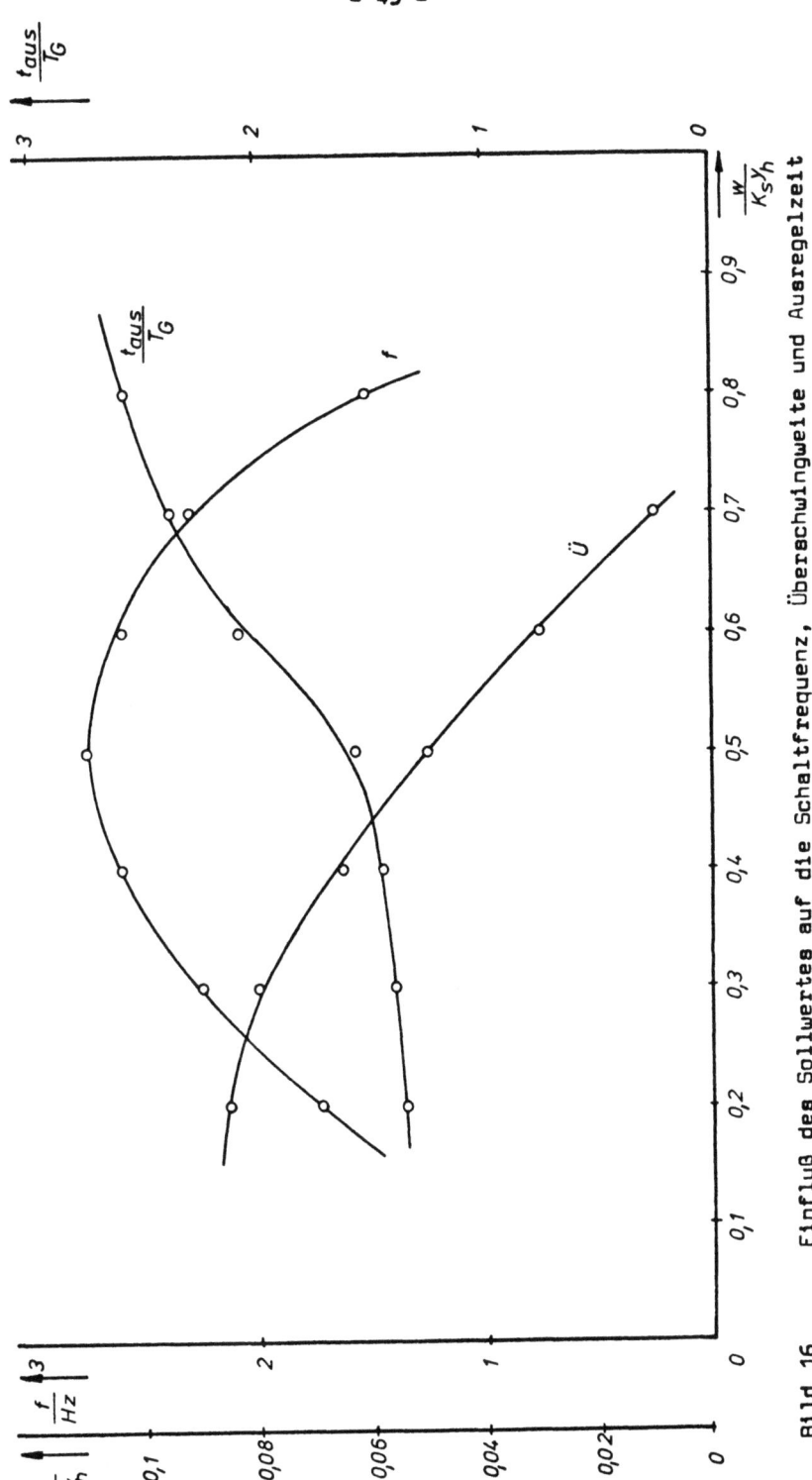

Bild 16   Einfluß des Sollwertes auf die Schaltfrequenz, Überschwingweite und Ausregelzeit

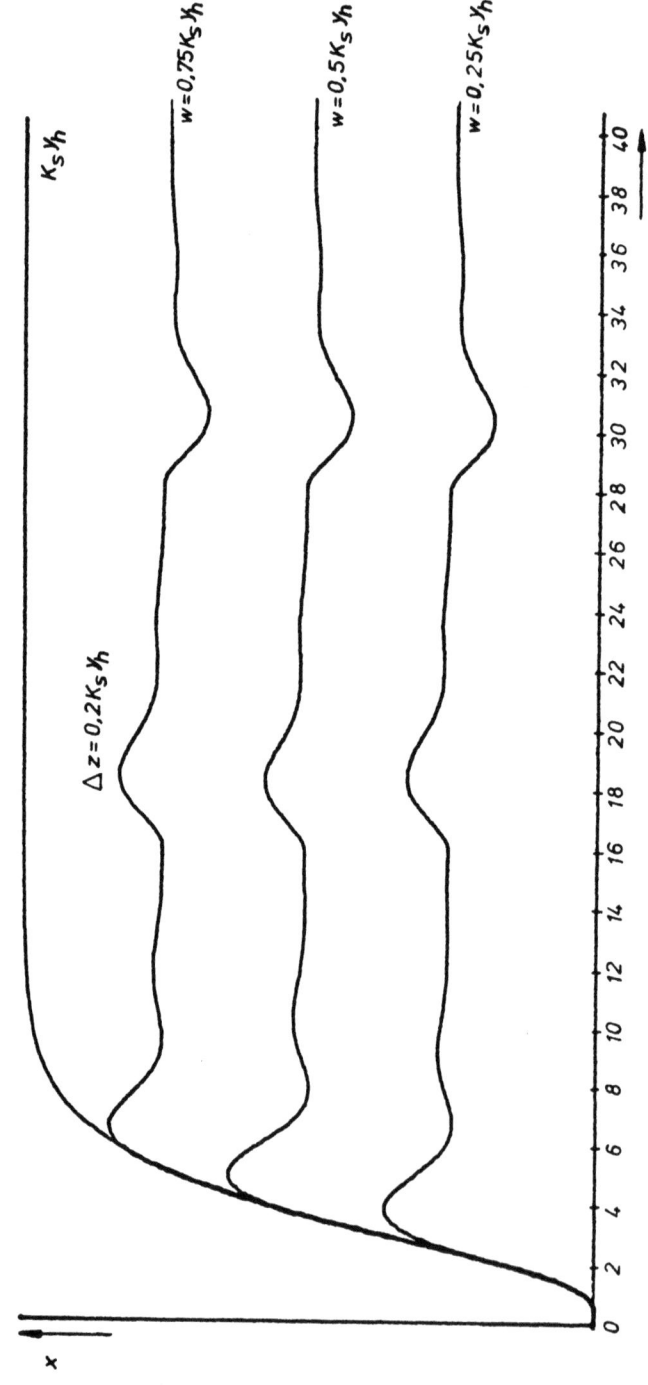

Bild 17 Störübergangsfunktion bei unterschiedlichen Sollwerten

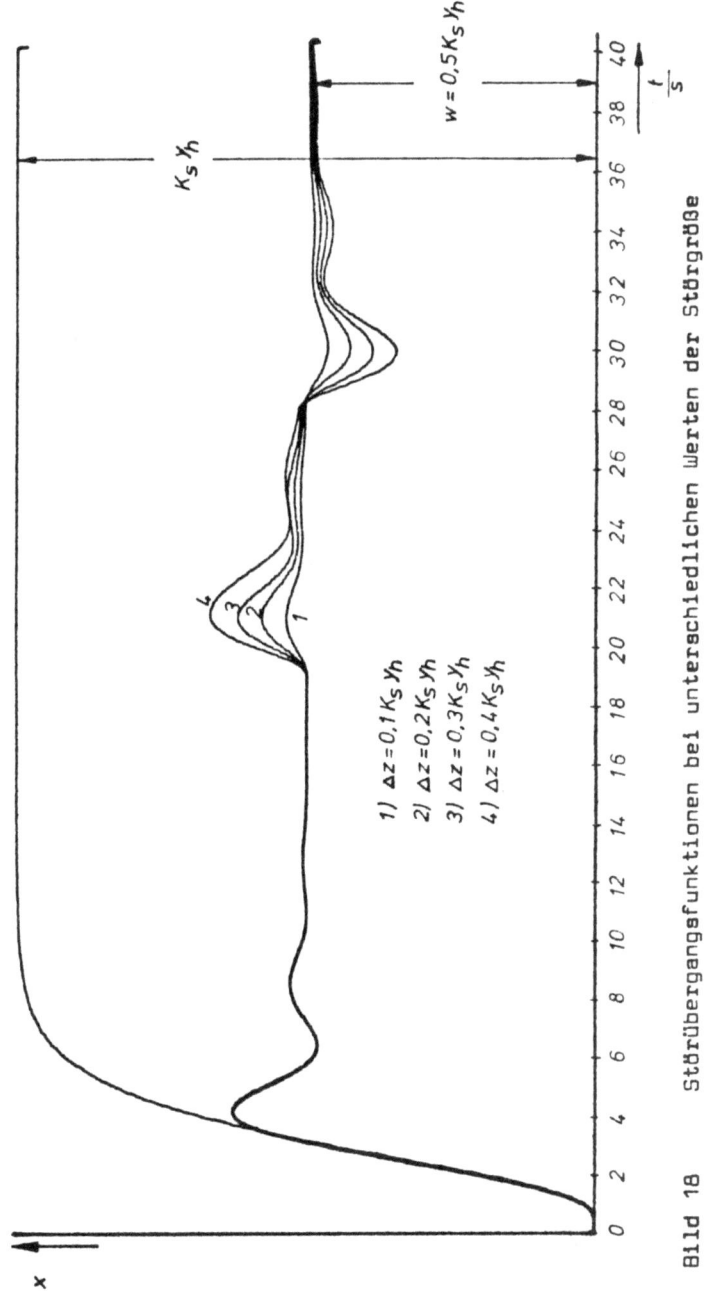

Bild 18 Störübergangsfunktionen bei unterschiedlichen Werten der Störgröße

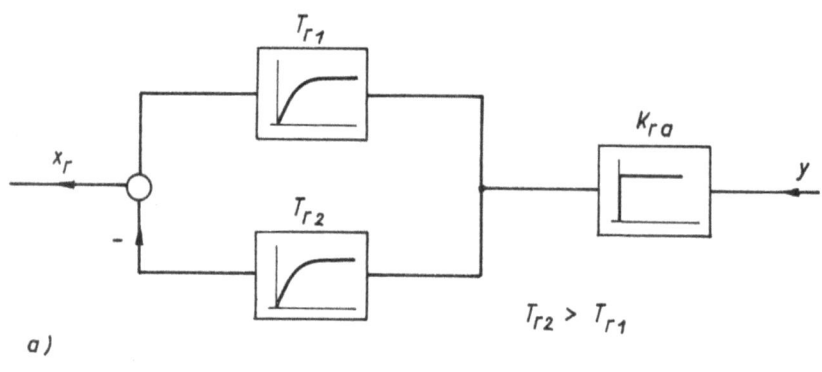

a)

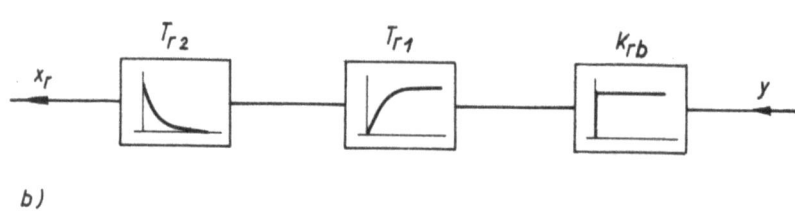

b)

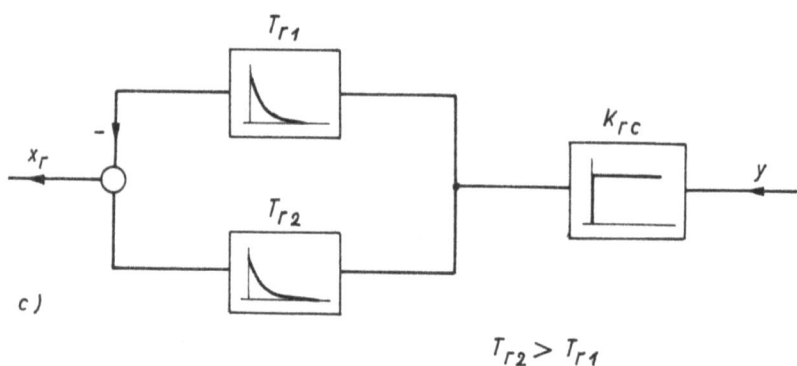

c)

Bild 19 Schaltungen zur Erzeugung einer verzögert-nachgebenden Rückführung

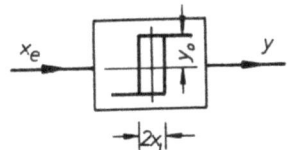

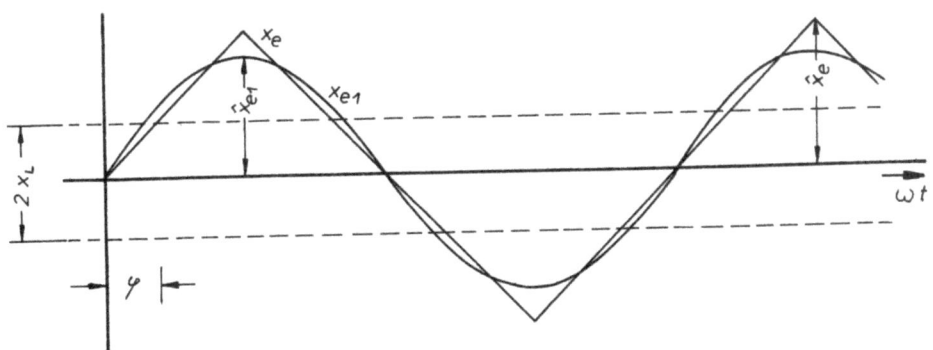

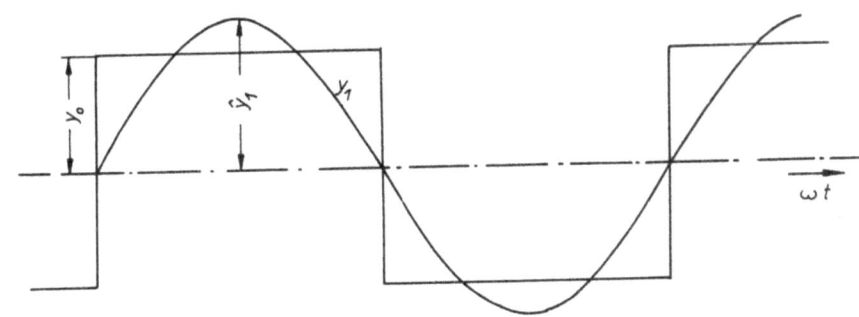

Bild 20 Zeitverlauf der Eingangs- und Ausgangsgröße eines symmetrischen Zweipunktreglers mit Hysterese

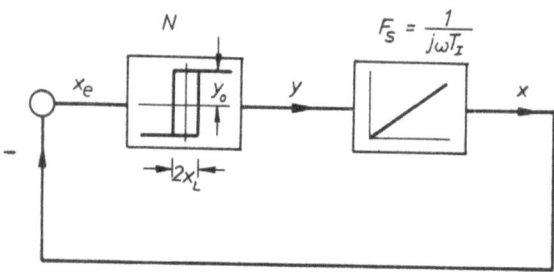

Bild 21   Blockschaltbild eines Regelkreises bestehend aus einer Regelstrecke mit integralem Verhalten und einem symmetrischen Zweipunktregler mit Hysterese

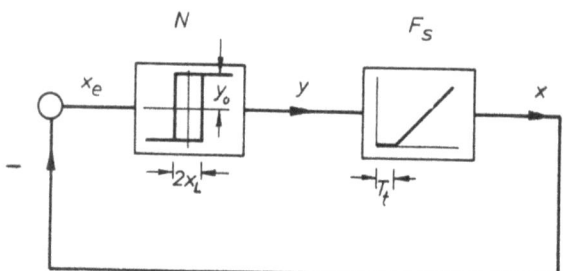

Bild 22   Blockschaltbild eines Regelkreises bestehend aus einer Regelstrecke mit integralem Verhalten und Totzeit sowie einem symmetrischen Zweipunktregler mit Hysterese

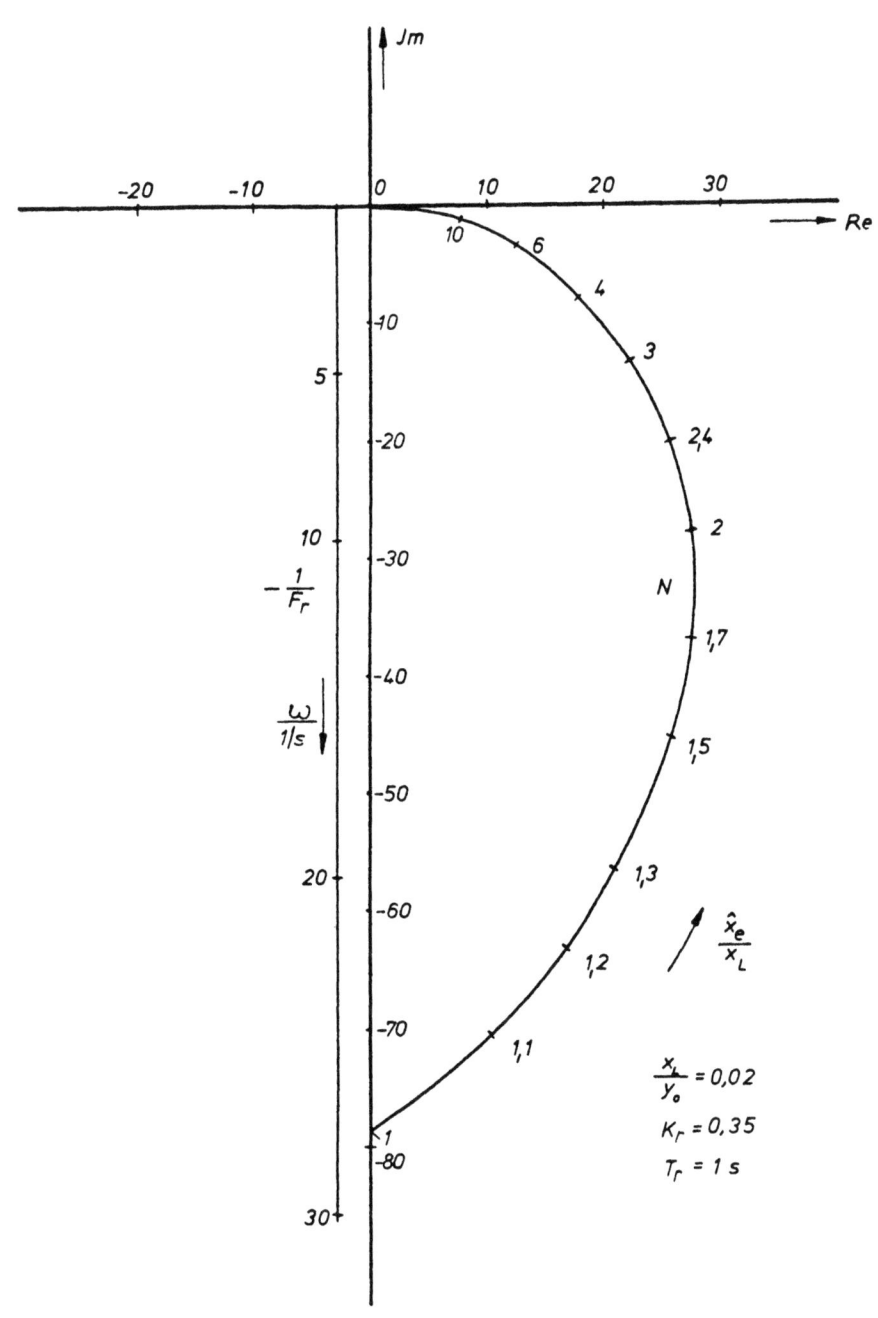

Bild 23   Ortskurven für $\underline{N}$ (57) und $-\dfrac{1}{\underline{F}_r}$ (58)

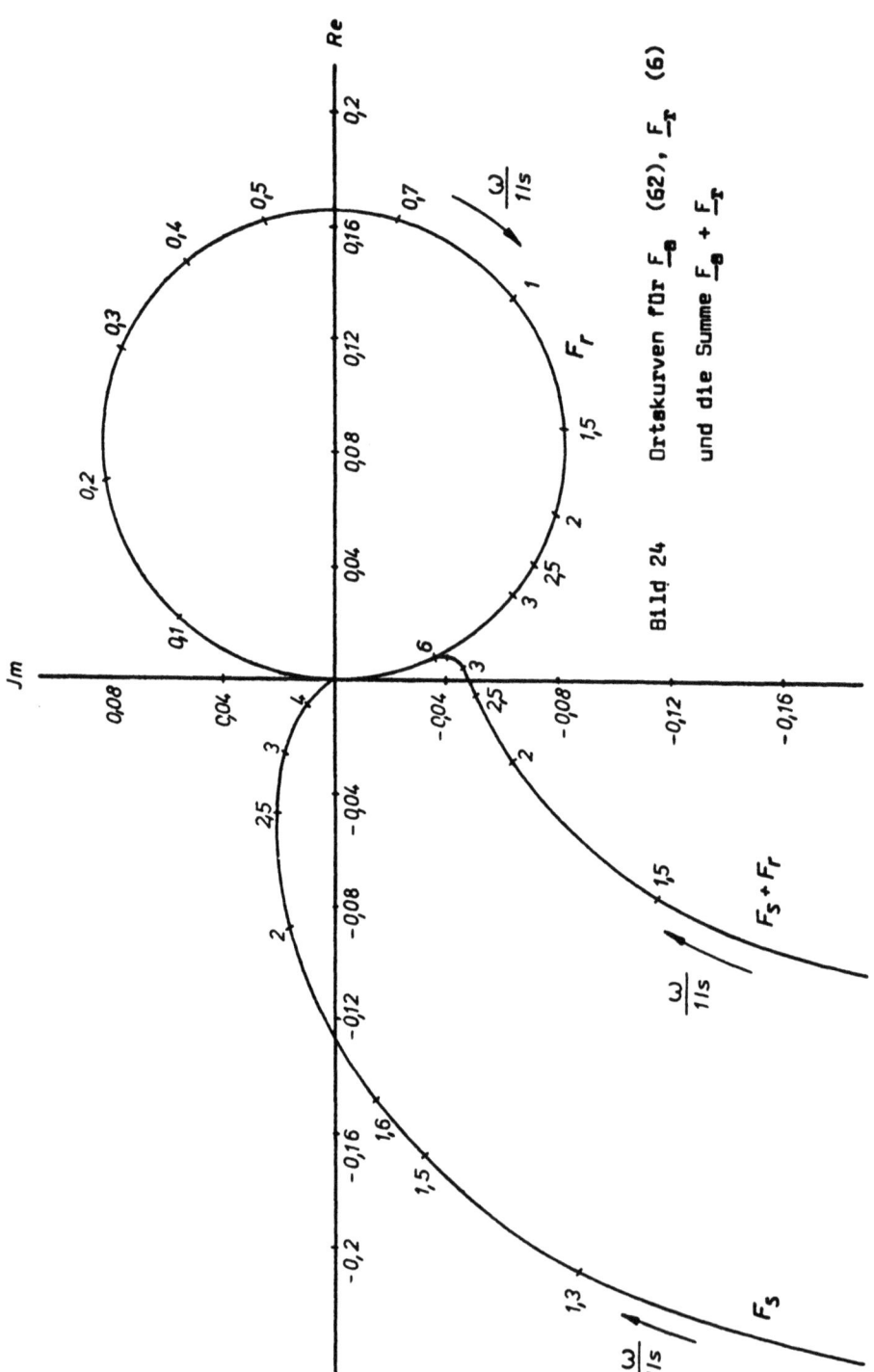

Bild 24 Ortskurven für F_a (62), F_r (6) und die Summe $F_a + F_r$

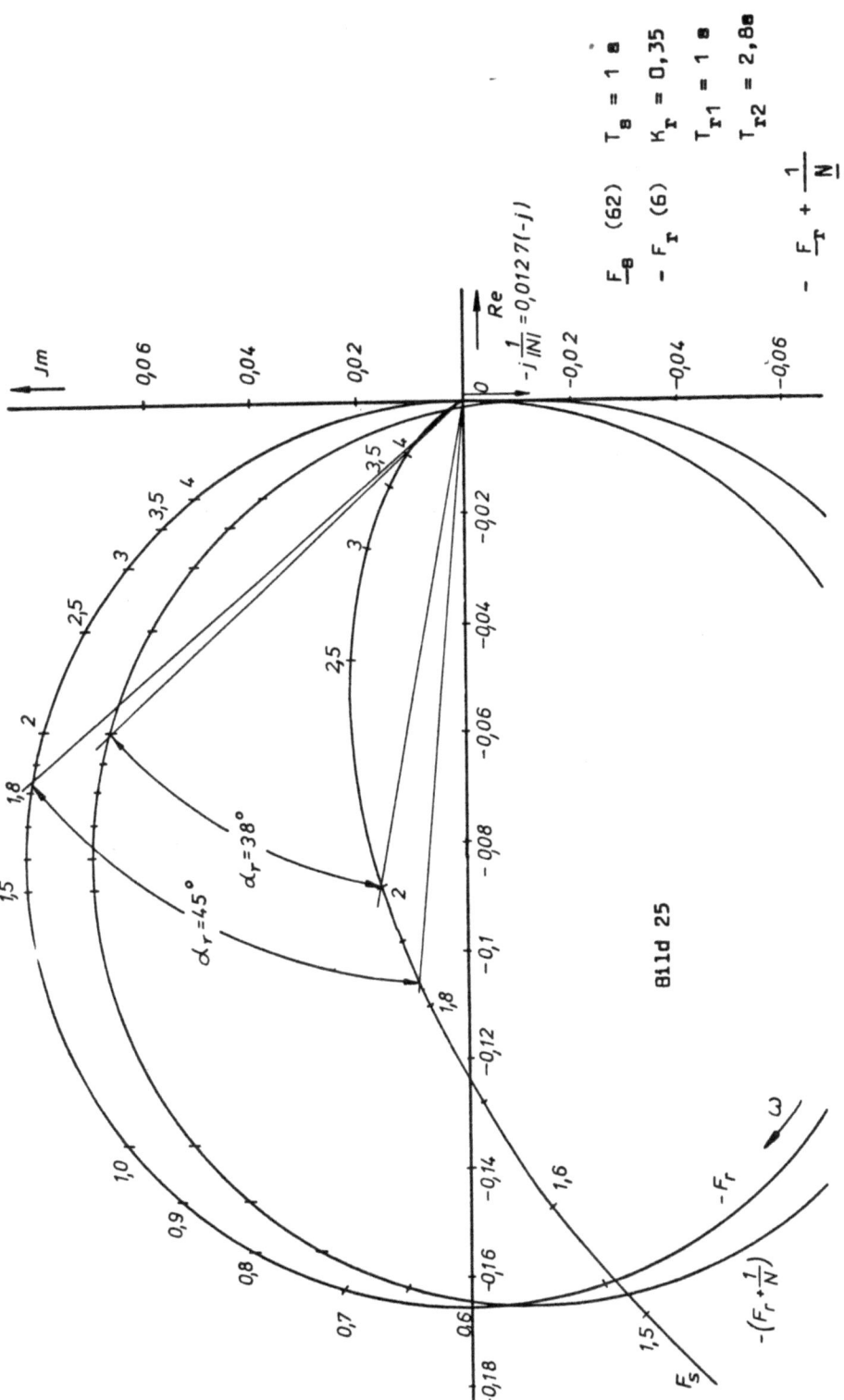

Bild 25

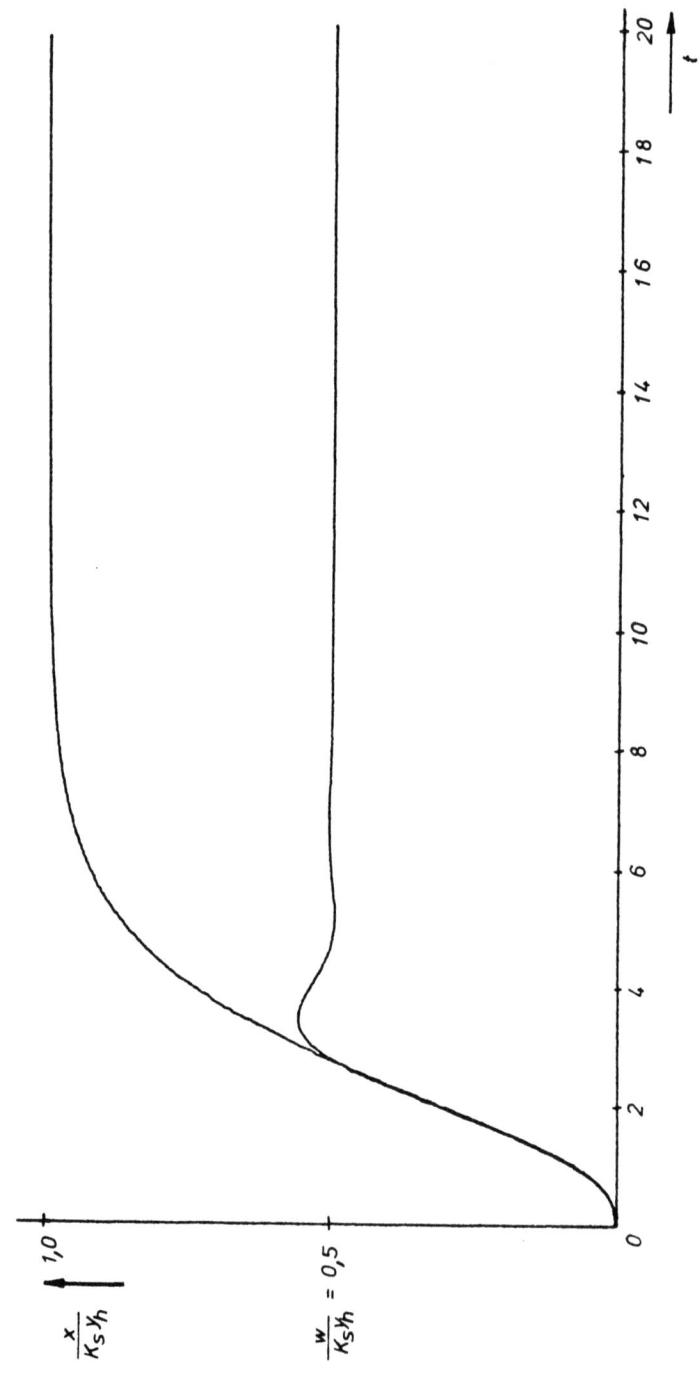

Bild 26 Führungsverhalten der Regelgröße mit den Kennwerten nach Seite 24

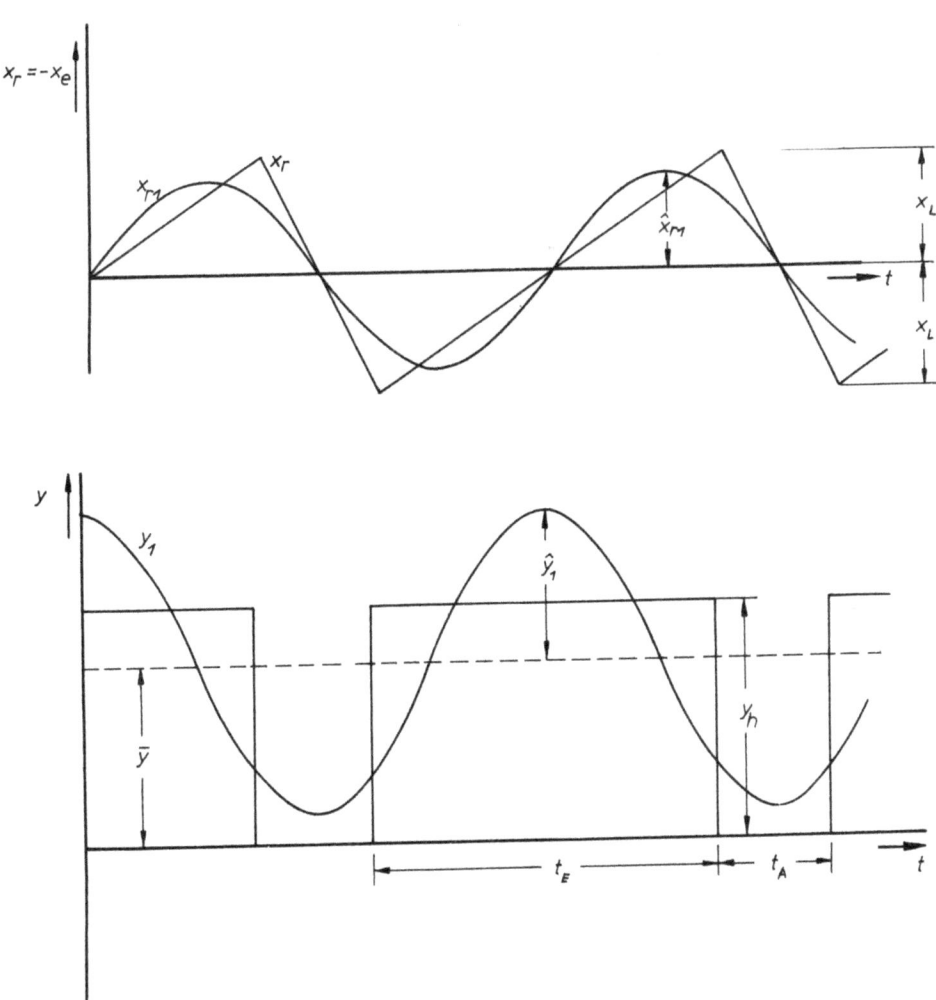

Bild 27   Zeitverlauf der Rückführgröße x_r und der Stellgröße y mit ihren Grundwellen

FORSCHUNGSBERICHTE
des Landes Nordrhein-Westfalen

Herausgegeben
im Auftrage des Ministerpräsidenten Heinz Kühn
vom Minister für Wissenschaft und Forschung Johannes Rau

Die »Forschungsberichte des Landes Nordrhein-Westfalen« sind in zwölf Fachgruppen gegliedert:

Wirtschafts- und Sozialwissenschaften
Verkehr
Energie
Medizin/Biologie
Physik/Mathematik
Chemie
Elektrotechnik/Optik
Maschinenbau/Verfahrenstechnik
Hüttenwesen/Werkstoffkunde
Metallverarb. Industrie
Bau/Steine/Erden
Textilforschung

Die Neuerscheinungen in einer Fachgruppe können im Abonnement zum ermäßigten Serienpreis bezogen werden. Sie verpflichten sich durch das Abonnement einer Fachgruppe nicht zur Abnahme einer bestimmten Anzahl Neuerscheinungen, da Sie jeweils unter Einhaltung einer Frist von 4 Wochen kündigen können.

WESTDEUTSCHER VERLAG
5090 Leverkusen 3 · Postfach 300 620

If you have any concerns about our products,
you can contact us on
ProductSafety@springernature.com

In case Publisher is established outside the EU,
the EU authorized representative is:
**Springer Nature Customer Service Center GmbH
Europaplatz 3, 69115 Heidelberg, Germany**

Printed by Libri Plureos GmbH
in Hamburg, Germany